U0313756

沿岸流不稳定实验和数值研究

Experimental and Numerical Study on
Longshore Current Instability

沈良朵　著

海洋出版社

2019 年·北京

图书在版编目（CIP）数据

沿岸流不稳定实验和数值研究/沈良朵著. —北京：海洋出版社，2018.8

ISBN 978-7-5210-0188-4

Ⅰ.①沿…　Ⅱ.①沈…　Ⅲ.①沿岸流-海洋动力学-研究　Ⅳ.①P731.21

中国版本图书馆 CIP 数据核字（2018）第 207304 号

责任编辑：高朝君　薛菲菲

责任印制：赵麟苏

海洋出版社 出版发行

http://www.oceanpress.com.cn

北京市海淀区大慧寺路 8 号　邮编：100081

北京朝阳印刷厂有限责任公司印刷

2019 年 1 月第 1 版　2019 年 1 月北京第 1 次印刷

开本：787mm×1092mm　1/16　印张：13.75

字数：292 千字　定价：68.00 元

发行部：010-62132549　邮购部：010-68038093

总编室：010-62114335　编辑室：010-62100038

海洋版图书印、装错误可随时退换

目　次

1　绪　　论

1.1　研究背景和意义

陆地和海洋交界的海岸带和近岸海域是各种动力因素最复杂的地区，波浪在岸滩上演化、破碎，这就使得泥沙和各种污染物的输移规律变得十分复杂，与单纯潮流作用下的运动规律有着较大的差别。海岸带是经济活动较为发达的地区，海岸带的开发、利用和保护直接影响沿海地区的经济开发与建设。我国拥有总长度约 18 000 km 的大陆海岸线，有非常辽阔的海域，21 世纪我国在海岸带的开发利用方面前景广阔[1]。近岸海域的水动力学研究是解决海岸演变、防护及开发利用的一个重要的理论基础。因此，对近岸海域水动力问题的研究具有重要的现实意义。

近岸海域水动力（包括沿岸流、裂流、海底回流和近岸环流等）是近岸污染物运动、泥沙输移以及海岸变形的主要动力因素[2-4]。它涉及波浪破碎、波浪边界层以及湍流等强非线性和黏性流体运动等这些现有研究尚未解决的力学问题，运动规律比较复杂。近岸海域水动力研究中最为突出的是沿岸流的问题，沿岸流对于沿岸泥沙运动等有很重要的作用。Fleming 等[5]研究指出，10%的沿岸流预报误差可能导致 70%的沿岸输沙误差。

对于沿岸流的研究，Longuet-Higgins 等[6]提出了波浪中辐射应力的概念，为近岸流系的理论研究打下了基础，其研究表明，沿岸流主要是由辐射应力作用和沿岸方向波高分布不均匀而导致波浪增水不均匀引起的（Longuet-Higgins 等[6,7]）。随着对沿岸流认识的逐渐深入，Oltman-Shay 等[8]首先在现场沿岸流实验中发现沿岸流存在动态特性，即速度矢量存在左右摆动，他们通过数据分析证实在实验中产生的波长为 100 m、波动频率在 10^{-3} ~ 10^{-2} Hz 波生沿岸流范围内的波动为沿岸流自身的一种不稳定运动。所以沿岸流的研究要涉及沿岸流不稳定运动问题，它对研究近岸海域内的污染物和沉积物输运等都有很重要的意义。Miles 等[9]通过研究指出，沿岸流不稳定运动对于沉积物输运有很大影响，沉积物在垂直岸方向输运 16%和沿岸方向输运 12%都是由沿岸流不稳定运动引起的。Russell[10]指出，海岸侵蚀与沿岸流不稳定运动有很大关系。Aagaard 等[11]和 Smith 等[12]也指出，近岸泥沙运动会受到一定程度的沿岸流不稳定运动的影响。Coco 等[13]和 Sanchez 等[14]的研究表明，沿岸流不稳定对海岸韵律地形的形成起主要作用。有关研究也表明，沿岸流不稳定运动还与裂流[15,16]、波浪爬高[17,18]等的变化有比较密切的关系。

目前对沿岸流的实验研究主要针对现场实验和较陡坡实验情况，为了更深入地了解缓坡情况下的沿岸流特征，有必要进行缓坡情况下的沿岸流实验。基于此，本书通过缓坡沿岸流实验来研究缓坡情况下的沿岸流特征，以便为今后研究海岸变形、污染物和泥沙等在各种复杂动力环境下的运动规律奠定水动力学理论基础。这对于指导海洋沿岸环境保护、海域环境评价、水质规划、污染物控制及海洋排污工程的设计等都具有重要的现实意义。

1.2　沿岸流研究进展

1.2.1　平均沿岸流研究

人们很早就已经认识到了沿岸流现象[6-8,19,20]，现有的对平均沿岸流的研究，按其理论出发点的不同，可以大致归纳为以下三类：（a）将水体质量的连续性作为切入点，如Inman 等[21]、Brebner 等[22]和 Galvin[23]的研究中采用的方法。（b）用能流或动量流来推导公式，如 Putnam 等[24]所提出的研究方法。（c）用波浪辐射应力来推导公式，如 Longuet-Higgins[7]、Bowen[25]和 Thornton[26]的研究中采用的方法。前两类方法虽在有些研究中经过部分的实验检验，但是因为受当时实验条件的限制，目前还不能证明其所做的论证是充分的。从波浪辐射应力的概念出发分析沿岸流，是对沿岸流研究的重要发展。该方法认为，波浪斜向入射，从深水区传到浅水区，因水深减小引起浅水变形，使得波高增大，最终发生破碎，而波浪破碎后通过破波带时，其动量流（辐射应力）沿岸方向的分量变化并不能完全由平均水面坡降力来平衡，还需要由底部剪切应力（底摩擦力）来平衡辐射应力梯度。因为时均剪切应力只有在发生时均流动时才存在，这使得处于衰减中的自由表面波浪将沿岸波动动量转化为时均沿岸流动，从而产生了波生沿岸流。

当然，这些理论的可靠性和应用范围还需要进一步与准确的实验结果进行比较。实验一方面可以用来检验这些理论结果的正确性；另一方面也可以用于指导和改进这些理论。而且在这些理论的沿岸流模型中，有些参数是需要通过实验结果来标定的。

现有的沿岸流实验包括现场沿岸流实验和沿岸流模型实验。Galvin 等[27]、Komar[28]和Basco[29]对沿岸流做了现场观测，Birkemeier 等[30]对沿岸流现场实验 DELILAH、DUCK94和 SANDYDUCK 做了总结。进行全面的现场观测所需的费用很高，而且现场实验受观测时环境的不可控性以及观测因时、因地的变化性的影响较大。Visser[20]、Putnam 等[24]、Galvin 等[27]、Brebner 等[31]、Mizuguchi 等[32]、Kim 等[33]、Reniers 等[34]、Hamilton 等[35]以及 Zou 等[36,37]均对沿岸流进行了实验研究。Galvin 等[27]测量了水深平均沿岸流沿垂直海岸方向的分布，指出因实验水池的长度有限而使得沿岸流不能达到均衡状态。Visser[20]在代尔夫特理工大学的港池内将水泵维持的水流循环系统应用到沿岸流的测量中，进行了坡度为 1∶10 和 1∶20 的平坡沿岸流实验。Hamilton 等[35]在美国陆军工程师研究和发展中心的海岸和水力学实验室进行了坡度为 1∶30 的平坡沿岸流实验，研究表明，采用水泵维持水流循环，流量在一定范围内变化时，不会显著地影响到沿岸流的沿岸均匀性。

关于沿岸流模型实验所采用的水流循环模型，目前研究采用的主要有 5 种类型（图 1.1）：类型 1 水流循环（Putnam 等[24]）是在水池的离岸区域进行的；类型 2 水流循环是在波导墙的下游留有一开口，并在造波板的下面留有一间隙让水流进行循环（Galvin 等[27]；Mizuguchi 等[32]）；类型 3 水流循环在两边的波导墙破波带处有开口，在造波机后面或者岸滩下面通水管，这样就能使水体在水池岸滩的末端和下游之间水位差的驱动下循环；类型 4 水流循环和类型 3 相似，只是水流循环是在造波板的后面和下面进行，在波导墙上端用一小流量水泵来加强循环（Kamphuis[38]）；类型 5 水流循环采用的是一种圆形水池，有圆周形岸滩，水池中央处设有螺旋形造波机（Dalrymple 等[39]）。

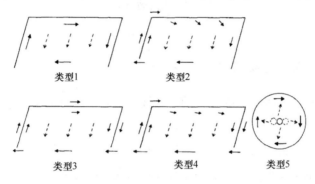

图 1.1　5 种实验水池循环模型（箭头表示水流方向）

Visser[20]为了在实验水池内得到均匀的沿岸流，采用了与上述不同的一种新的实验方法和水池设置，就是将水泵维持的水流循环系统应用到沿岸流的测量中，该实验是在改进类型 3 的实验水池中进行的，水池长 34.0 m、宽 16.6 m、深 0.68 m，采用由 0.4 m 宽的橡胶面板构成的蛇形造波机造波。实验是在 1：10 和 1：20 两种不同坡度水泥地形上进行的。地形置于造波机对面并且与造波机平行。实验采用了波导墙，波导墙与造波机呈一定夹角放置。Visser 的实验水池对类型 3 水池做了以下改进：（a）由造波机、波导墙以及地形所组成的区域以外的水流循环完全可由水泵来控制；（b）波导墙下游开口的宽度没有必要等于破波带的宽度；（c）改善波导墙上端到岸线之间流入水流的分布（可以增加此间均匀沿岸流的长度）。但是采用这种方法进行实验的一个缺点是必须在实际的测量开始之前确定以下几个量值：泵的循环流量 Q 和波导墙下游开口的宽度 W_d（如图 1.2 所示）。而实际实验中很难控制这两个参数，这就会影响到沿岸流的均匀性，而且也增大了实验中的计算量和人力、物力，增加了实验经费。本书实验应用被动的循环系统以探讨不用水泵来维持水流循环的新途径，关于被动循环系统产生的沿岸流的沿岸均匀性将在第 2.2.1 节中讨论。

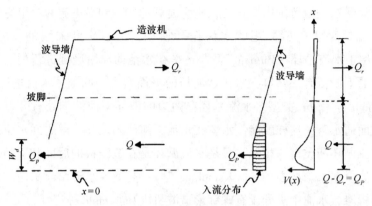

图 1.2　水流循环系统

1.2.2　沿岸流不稳定运动研究

在波浪传向海岸的过程中，除自身的周期性运动外，还有由于波浪非线性和波浪破碎而产生的包括质量输移流、沿岸流、沿岸流不稳定运动及破波带内的旋涡运动等多种形式的水流运动。这些复杂的水流运动和波浪运动相互作用，会使海岸区域的物质输移扩散及泥沙运动出现复杂的运动形态。波浪的非线性使水质点的运动轨迹不封闭从而产生了质量输移流[40,41]；波浪斜向入射传至海岸时，为平衡辐射应力梯度，将沿岸波动动量转化为时均沿岸流动从而产生了波生沿岸流。随着对沿岸流认识的深入，近些年人们还发现沿岸流存在不稳定现象[8,42-45]，即沿岸流在沿岸流动的同时，速度矢量还存在长周期左右摆动。该沿岸流不稳定现象也被称为剪切波。Oltman-Shay 等[8]通过观察发现了近岸破碎区周期 1 000 s、波长 100 m 沿岸传播波动的存在。这些波动比观察到的对应频率的重力波波长要小得多。这些像波浪运动一样沿岸传播波动的存在及其属性与破波区沿岸流的存在、强度和方向有关。自 Oltman-Shay 等[8]在现场观测到沿岸流不稳定运动以来，人们就对其特性进行了很多研究。Bowen 等[42]利用他们建立的剪切不稳定模型对该现象作了解析分析，指出沿岸流产生不稳定运动的动力是沿岸流在垂直岸方向产生的剪切 V_x，相当于引起潮流的"科氏力"，并且他们分析得到的频率波数结果与 Oltman-Shay 等的实验结果相符合，所以他们也将观测到的这种现象称为剪切波。

Dodd 等[44]基于最不稳定线性模式研究发现理论预测和实验观察到的波长和波浪周期吻合良好。Allen 等[46]通过有限差分数值求解浅水方程研究了破波区沿岸流有限幅值剪切不稳定的非线性动力特性。Özkan-Haller 等[47]通过辐射应力梯度项和波流相互作用项耦合研究了破波区沿岸流波流相互作用的剪切不稳定效应。Newberger 等[48]通过使用折射波浪模型和带有水深平均相速度平均自由表面重力波效应项的三维原始流模型扩展了 Özkan-Haller 等[47]的模型，结果表明，在底摩擦相对较大的区域，流对波的效应倾向于阻止不稳定的发展。Kennedy 等[49]进行了包含辐射应力和多普勒转换的线性稳定分析。Bühler 等[50]、Chen 等[51]和 Terrile 等[52]利用相位重解模型（没有考虑波流之间的区别）求解了流场，研究了近岸环流中的涡旋输移运动。

到目前为止，对沿岸流不稳定运动的研究中数值计算方面的较多，而实验方面的较少。现场实验有 Duck，North Carolina[53]所做的两次沿岸流实验，并在实验中观测到沿岸流不稳定运动。Reniers 等[34,54]利用水泵水循环模型在实验室内测量了沙坝和平坡地形条件下的沿岸流不稳定运动。邹志利等[55]，金红等[56]在大连理工大学港口、海岸与近海工程国家重点实验室通过实验观测到沿岸流不稳定运动，给出了在平面斜坡地形条件下沿岸流随时间周期性变化的特征，同时给出了沿岸流不稳定运动导致的相应的墨水运动特征。任春平[57]和 Ren 等[58]利用最大熵谱估计分析了邹志利等[55]在大连理工大学实验室进行的沿岸流不稳定运动实验，指出 1∶100 坡度和 1∶40 坡度地形条件下规则波和不规则波的波动周期分别约为 50 s 和 100 s；同时其利用实验测量得到的墨水运动轨迹分析了不稳定运动的传播速度；利用三角函数回归法分析了不稳定运动的波动幅值；利用线性不稳定模型数值求解了实验中沿岸流不稳定运动的增长模式，结果与实验结果吻合良好。李亮[59]基于二维近岸环流方程，采用三阶预报、四阶校正时间步进的 Adams-Bashforth-Moulton 方法数值模拟了平面斜坡海底地形上沿岸流的不稳定运动，分析了底摩擦系数、沿岸方向计算长度对沿岸流不稳定运动的影响。

国外学者对沿岸流不稳定运动数值方面的研究主要集中在沿岸流线性不稳定数值模型[43-45,60-62]和沿岸流不稳定运动的非线性研究[46,63-65]，即这些不稳定随时间将发生怎样的变化。除了这些研究外，其他一些学者在沿岸流不稳定运动产生的机理方面也做了研究[66,67]。下面将详细介绍这些方面的研究进展。

（1）沿岸流线性不稳定

Bowen 等[42]用线性不稳定理论解释了 Oltman-Shay 等[8]现场观测到的沿岸流不稳定现象，并将这种周期性低频振荡称为剪切波或者沿岸流不稳定运动。他们通过一个简单的流速剖面（其沿岸流离岸一侧的背景旋只有一个极值）阐述了剪切不稳定机理。这种情况下，不稳定与后剪切极值密切相关，他们的模型与 Oltman-Shay 等[8]所观测到的结果吻合良好。Putrevu 等[43]、Dodd 等[60]和 Falqués 等[68]的研究基于线性剪切波的理论分析，考虑的沿岸流只有一个后剪切极值，因此称为后剪切。Reniers 等[54]通过实验表明，基于后剪切不稳定所预测的频率和波数与所测量的值吻合良好。

Dodd 等[44]比较了平底和沙坝剖面的稳定属性，发现后者由不止一个不稳定模式增长起来。因为这种情况的背景旋存在两个极值，一个与后剪切（BS）相关，另一个与前剪切（FS）相关。其中，沙坝上最快的增长模式为与前剪切有关的模式，第二快的为与后剪切有关的模式。因此他们得出结论，对于沙坝剖面，后剪切可能不太重要。此外，一些基于非线性剪切波（如 Allen 等[46]，Özkan-Haller 等[65]）的理论考虑了拥有两个拐点的基本稳定的沿岸流剖面，但是他们的非线性分析仍然建立在线性分析所得到的不稳定波长计算结果的基础上。这些研究都表明，在某些情况下，剪切波的低频调节可能是由前剪切和后剪切的相互干扰所引起的。

Baquerizo 等[69]通过考虑基于 Bowen 和 Holman 的扩展模型，将垂直岸线方向的速度分为四个区域，分别得出相应的线性不稳定特性的解析解。他们详细研究了两种不稳定模式的存在和特性，一个与沿岸流峰值离岸一侧背景旋极值（后剪切模式）有关，另一个与沿岸流峰值向岸一侧背景旋极值（前剪切模式）有关。最后，分析了拥有一个最大值并且在它两侧各有一个拐点的沿岸流速度剖面，给出了它的特征波长、频率、流场以及前剪切和后剪切模式占优的条件，并证明了由于在沿岸流向岸一侧背景旋存在第二极值，也会引起沿岸流不稳定。前剪切波引起的增长率主要取决于前剪切，但也依赖于沿岸流的最大值和宽度。前剪切占优还是后剪切占优，主要决定于这些参数值的大小。在某种条件下，两种不稳定波浪在相近的波数和角频率下拥有类似的增长率，这使得在沿岸方向可能会形成剪切波。基于真实沿岸流剖面（由 1980 年利德贝特海滩近岸泥沙研究实验数据拟合得到的平均沿岸流剖面）的数值分析证明了该解析模型的正确性，该平均沿岸流剖面在沿岸流最大值向岸一侧存在一个背景旋极值，同时考虑前剪切和后剪切，结果与实验结果吻合良好，而仅考虑后剪切，结果则与实验结果差别较大。

（2）沿岸流非线性不稳定

线性不稳定理论只适用于小波幅的剪切波：a/L 远远小于 1，a 和 L 分别为剪切波的波幅和波长。当不稳定剪切波的波幅达到有限幅值之后，需要用非线性不稳定模型来分析，因为随着沿岸流不稳定运动的进一步发展，由不稳定引起的扰动速度场、波面变化等使得原来线性不稳定模型中的一些假定不再成立，包括较小的扰动项和忽略掉的非线性项（非线性作用较强时，不能忽略）。

研究非线性波浪的一个有效方法是使用通过多尺度渐近展开得到的简单数学模型。同原始的浅水方程相比，这些模型一般应用范围有限，但只要潜在的假定是有效的，它们就能有效地描述非线性剪切波必要的动力特性。Dodd 等[45]利用弱非线性理论对海滩上的沿岸流不稳定进行了解析研究，结果表明，当沿岸流不稳定达到有限幅值后，就会改变平均沿岸流的分布。虽然弱非线性理论在超出线性区域的范围时对于理解不稳定运动的发展是有用的，但它仍局限于小波幅波浪的情况。对于浅水中所观察到的强非线性剪切波不再有效。

Allen 等[46]用数值模拟详细分析了平面斜坡地形下沿岸流不稳定运动受底摩擦系数和计算域在沿岸方向长度的影响。他们采用"刚盖"假定，同时忽略了侧混的影响，在给定初始时刻沿岸流流速分布的基础上，研究了在不同的底摩擦系数和不同的沿岸方向计算域长度的条件下，沿岸流不稳定运动随时间变化的特征。数值结果表明，随着底摩擦系数的逐渐减小，速度波动幅值会逐渐增大，不稳定运动会变得更为活跃，由最初明显的周期性波动逐渐发展为出现群的特征，进而产生倍周期分岔并最终达到混沌状态。在较小的底摩擦系数的情况下，沿岸方向计算域取多倍不稳定波长与取 1 倍不稳定波长相比，其速度时间历程上会出现很小幅值的波动，并易出现阶段性的平台期；对于较大的底摩擦系数，计算域沿岸方向的长度对不稳定运动的影响不大。

Özkan-Haller 等[70]用考虑底摩擦和侧混影响的非线性浅水方程对 SUPERDUCK 实验中的沿岸流不稳定运动进行了数值研究。他们讨论了底摩擦与侧混效应对不稳定运动结果的影响，结果表明：底摩擦系数越小，则平均沿岸流越大，相应的速度波动幅值也越大，产生的涡旋运动也更剧烈；侧混系数越小，则速度时间历程波动幅值越大，不稳定运动波长越小，相应的涡旋运动也更剧烈。此外，他们进一步将数值计算结果中速度时间历程、波动传播速度和最后的平均沿岸流与实验结果进行了一一比较，结果表明，数值模拟结果与实验结果吻合较好。

Slinn 等[63]用考虑底摩擦而没有考虑侧混的非线性浅水方程研究了两个沙坝地形上的剪切不稳定。他们发现底摩擦系数对不稳定运动波动幅值有较大影响：当底摩擦系数较大时，剪切波呈现等幅波动，与线性不稳定结果类似；当摩擦系数较小时，不稳定运动波动幅值逐渐变得不规则。此外，他们还指出，不稳定运动会在破波带内引起动量掺混，使得发生不稳定运动之前的速度剖面重新分布。

综上所述，上面提到的对沿岸流不稳定的研究中，当初始的平均沿岸流逐渐发展成有限幅值波动的沿岸流不稳定运动之后，所有研究者的思想都是基于 Bowen 等[42]所用的线性不稳定理论。

（3）沿岸流不稳定运动产生的其他理论机理

对于 Oltman-Shay 等[8]观测到的沿岸方向的长周期波动现象，除了沿岸流线性不稳定和非线性不稳定理论的解释之外，还有一些学者认为，这些振荡是一个受外力作用的现象。Shemer 等[67]认为，沿岸流和辐射应力的振荡可能是由于由一个载波（主频波）和两个最不稳定 Benjamin-Feir 副频波组成的三波系统长时间演化引起的。Haller 等[66]提出离岸波群可以直接引起低频的波浪运动。Dodd 等[62]和 Shrira 等[71]研究表明，通过三波相互作用可以导致爆发式不稳定产生。尽管这些理论能从一定程度上解释 Oltman-Shay 等[8]观测到的现象，但是到目前为止，研究最多、应用最广并且较成熟的仍然是线性不稳定理论。

1.2.3 沿岸流作用下物质输移扩散研究

波浪破碎会导致流体产生旋涡运动[46,70]，沿岸流不稳定运动同样也伴随很强的旋涡运动。这些复杂的旋涡运动必然会对海岸泥沙运动和污染物输移扩散产生较大影响。因此，研究由波浪斜向入射发生破碎而形成的波生沿岸流（可能进一步发展成沿岸流不稳定运动）作用下的物质输移扩散具有重要意义。

Feddersen 等[72]通过高阶 Boussinesq 模型数值模拟了加利福尼亚亨廷顿海滩附近波浪和沿岸流共同作用下 HB06 染料的扩散实验,模拟结果与破波区染料输移扩散现场实验观测到的低频涡旋和平均沿岸流吻合良好。Clark 等[73]通过对流扩散模型与 Boussinesq 模型耦合,数值模拟了破波带内染料示踪的实验结果,结果表明,与实验观测值相似,模拟得到的总的垂直岸线方向的扩散率与以低频涡旋 (0.001~0.03 Hz) 为主导的混合长度参数成正比。Winckler 等[74]推导了破波区溶质输移传播和对流扩散方程,对平面海滩沿岸流作用下的瞬时源和连续源运动进行了数值模拟,结果发现,总的对流速度等于由辐射应力引起的稳定流与来自波动的速度和浓度的协方差的贡献相加,溶质除了沿岸方向的输移外,还向岸漂移。孙涛等[75,76]用数值模拟研究了波浪、潮流作用下渤海湾近岸海域污染物的输移扩散规律,并指出,在波浪破碎区内潮流对污染物输移扩散的影响明显小于波浪变形、破碎形成的近岸流对污染物输移扩散的影响。唐军等[77-80]通过实验模拟研究了缓坡海岸带 (坡度为 1:100 和 1:40) 波浪场中污染物的运动,给出了污染物在波浪破碎区和非破碎区运动范围的变化,讨论了在规则波和不规则波作用下,波浪破碎区和非破碎区污染物运动的宏观变化趋势。张庆杰[81]通过将近岸环流方程与物质输移扩散方程耦合,计算了沿岸流不稳定情况下的墨水扩散,并分析了实验中观察到的墨水摆动现象。

物质输移扩散的研究中最为关键的是扩散系数的研究。邹志利等[82]通过在沿岸流流场中投放墨水点源并采用 CCD 摄像机摄像,测量了点源扩散过程,进行了沿岸流中混合系数的实验研究。Clark 等[83]通过沿岸流作用下破波区染料扩散实验,得到垂直岸方向的扩散系数,它与由破波区宽度尺度和由破波区涡旋所引起的低频水平旋转速度尺度参数化的混合长度参数一致。Pearson 等[84]基于波浪和沿岸流共同作用下的扩散实验,表明混合强度随波高平方的增加而增加,但这种变化综合了多种混合机制的影响。

2 平均沿岸流实验研究

波浪在近岸处的破碎将产生沿岸流。人们对沿岸流的理论研究已有很长的历史，但对沿岸流的实验研究，尤其是对平面缓坡地形条件下沿岸流准确分布研究的结果并不多。Visser[20]在代尔夫特理工大学的港池内进行了坡度为 1：10 和 1：20 的沿岸流实验。Hamilton 等[35]在美国陆军工程师研究和发展中心的海岸和水力学实验室应用声学多普勒流速仪（ADV）测量了坡度为 1：30 的沿岸流。他们都是在相对较陡的坡度上进行的沿岸流实验。邹志利等[36]在大连理工大学海岸与近海工程国家重点实验室进行了 1：100 和 1：40 缓坡沿岸流实验，但他们采用的是电阻式流速仪，且布置在离岸线较远处，使得沿岸流最大值近岸一侧流速仪较少，很难得到准确的平均沿岸流速度剖面，尤其是近岸一侧的速度分布。而沿岸流近岸一侧的形状对沿岸流不稳定有重要影响[69]，针对这一情况，为了解决缓坡沿岸流的分布问题，观察其分布的具体形状及其对沿岸流不稳定的影响，本书通过在近岸一侧布置较多高精度的 ADV 流速仪，重新进行了 1：100 和 1：40 两种坡度条件下的沿岸流实验，并获得了缓坡地形条件下不同于沿岸流解析解形式的平均沿岸流速度分布。

本章首先介绍实验布置、实验方法和波况，然后分析平均沿岸流测量结果的重复性和平均沿岸流沿岸的均匀性，在此基础上分析了 1：100 坡度和 1：40 坡度情况下波高、波浪增减水以及平均沿岸流速度剖面的基本特征，并用 Allen 形式[46]的沿岸流剖面拟合了各组不同波况下的沿岸流剖面。

2.1 实验布置和实验方法

2.1.1 实验布置及地形

实验在大连理工大学海岸和近海工程国家重点实验室多功能综合水池内进行，该水池长 55.0 m、宽 34.0 m、深 1.0 m。为了研究缓坡沿岸流的分布特征，实验选取了 1：100 和 1：40 两种坡度，这对应于缓坡情况，而以前研究的均为较陡坡情况。实验在这两种坡度平直海岸模型上测量了沿岸流的流速分布，同时也测量了波面升高在垂直岸线方向的分布。为了更清晰地观察沿岸流的流动情况，实验所用地形采用白色水泥制作，形成白色背景，并在地形上绘制了 1 m×1 m 的黑色网格，以形成较强的对比效果，同时，此平面斜坡地形由于底摩擦引起的耗散相对较小，更有利于沿岸流不稳定的发展，为进一步研究沿岸流不稳定做准备。海岸模型与造波机呈 30° 放置，以增加海岸线的长度，这也让沿岸流不稳定有更多的发展空间。为了使 1∶100 坡度和 1∶40 坡度情况下斜坡段长度均为 18.0 m，实验对 1∶100 和 1∶40 地形坡前静水水深分别取 0.18 m 和 0.45 m，坡脚距造波板最短距离为 8.0 m，最长距离为 22.5 m。为了使实验区域内不受外面水流影响，防止水流进入，实验在造波机处到模型的坡脚处之间布置了波导墙，并且在波导墙内侧放置了消浪网以防止波浪的反射。静水线以上斜坡段仍留有 3 m 多的宽度，以给定足够多的波浪爬坡长度。以 1∶100 坡度为例（1∶40 坡度仅是相应的坡度和水深不同），如图 2.1 所示，坐标系 (x, y) 的原点在静水线的上游端，x 轴正方向指向离岸方向，y 轴正方向指向下游方向。模型与周围三面水池壁都留有 4 m 多宽的间隔，其水深与造波板前平底处水深一致，实验中会形成沿岸方向的平均水位差，产生由沿岸流带动的水池内水体的循环。图 2.1 的下图为垂直岸方向的实验地形，图 2.2 为前后两个视角下的实验总体布置。

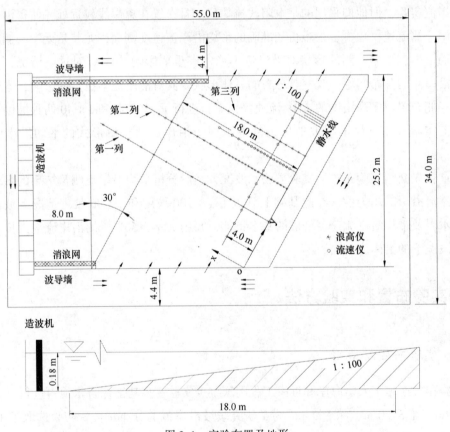

图 2.1　实验布置及地形

实验中沿岸流流速由 Nortek 生产的 ADV 流速仪测量得到，这种流速仪的测量精度为 0.5%×测量范围±1 mm/s。本实验采用 29 个 ADV 流速仪，因数量较多、测量范围较广、距离较远，故 ADV 采用无线方式进行通信，如图 2.3 所示（通过电脑主机上的无线接收

图 2.2 实验布置（上图）和测量仪器布置（下图）

上图：海岸模型位于水池中央，其两侧和后侧与池壁有 4~8 m 的间隔，可形成维持沿岸流的循环通道。下图：两列 ADV 分别平行和垂直于海岸布置，分别用来测量沿岸均匀性和垂直岸方向的速度分布；三列浪高仪垂直于海岸布置，用来记录波浪条件

图 2.3 ADV 通过无线方式进行通信

器实时接收流速数据)，这样可以减少数据线的连接，使整个实验场地布置更加整洁，也使得采集后的多条数据同时记录在一个文件中，从而使以后的数据处理和应用更加方便。

实验中的 ADV 流速仪，其端部与水底的间隙为水深的 1/3，以便测量沿岸流沿水深的平均值（对于对数分布的流速分布来讲，1/3 处代表整个流速分布的平均值，张振伟[85] 的波生流垂向分布规律和模拟表明该实验所测的沿岸流沿水深呈对数分布），流速仪分别沿垂直岸线和平行岸线方向排成两列，其中垂直岸线方向 18 个，平行岸线方向 12 个（共用一个交叉流速仪），分别用来测量沿岸流沿垂直岸线方向和沿沿岸方向的分布。图 2.4 给出了 1：100 坡度和 1：40 坡度整个区域 ADV 流速仪的详细布置：沿岸方向距岸线位置选择布置在沿岸流最大位置附近。1：100 坡度和 1：40 坡度沿岸方向布置的流速仪分别距岸线 4.0 m 和 2.5 m；两种坡度下流速仪沿岸方向的沿岸位置一致，从第一个 $y=2.5$ m 到第十二个 $y=24.5$ m，间距为 2.0 m。由于垂直岸方向 1：40 坡度沿岸流分布较窄且靠近近岸一侧，为了更好地得到 1：40 坡度沿岸流剖面分布特征，在近岸一侧布置了比 1：100 坡度更密的流速仪，其垂直岸线方向流速仪测量点距静水线的距离分别为 0.2 m、0.6 m、1.0 m、1.3 m、1.6 m 和 2.0 m，从 2.0 m 至 7.0 m，间距为 0.5 m，之后从 7.0 m 至 9.0 m，间距为 1.0 m；而 1：100 坡度垂直岸线方向流速仪测量点距静水线的距离分别为从 1.0 m 至 8.0 m，间距为 0.5 m，之后依次为 9.0 m、10.0 m 和 12.0 m；垂直岸方向的沿岸位置一致，均位于 $y=14.5$ m 处。图 2.5 为 ADV 流速仪布置现场图。

波面升高由垂直于岸线方向排列的三列共 60 个电容式浪高仪测量，列与列的间距为 5.0 m，详细布置见图 2.6：第一列位于 $y=7.0$ m 处，各测量点距静水线的距离从静水线开始至 26.0 m 处，间距为 2.0 m；第二列各测量点距静水线的距离从静水线开始至 10.0 m 处，间距为 0.5 m，之后从 11.0 m 至 20.0 m，间距为 1.0 m，最后一个位于 22.0 m 处；第三列各测量点距静水线的距离从静水线开始至 10.0 m 处，间距为 1.0 m，之后从 12.0 m 至 16.0 m，间距为 2.0 m。离造波板最近的浪高仪为第一列距离静水线 26 m 处的浪高仪，距造波板 9.8 m，用来记录入射波高。第二列位于港池中间段，由后面的实验结果可知，这部分生成的沿岸流较均匀，是实验重点关注的区域，故近岸一侧布置较密，用来更细致地测量垂直岸方向波高的变化。第一列和第三列主要用作参考，同时也可通过三列比较来说明波高、增减水的沿岸均匀性。

2.1.2　实验方法及波况

为了促使沿岸流引起的水体循环的形成，本书沿岸流的物理模型实验应用了被动的循环系统，以探讨不用水泵来维持水流循环的新途径，即水循环由岸滩模型的两端及其后侧的水渠形成，在模型和水池之间留有 4.4 m 宽的间隙（如图 2.1 所示），岸滩模型后侧的水渠宽为 4.0~8.0 m（如图 2.2 所示）。间隔的深度与水池中平底部分一致，1：100 坡度和 1：40 坡度分别为 0.18 m 和 0.45 m，这样更有利于改善由于沿岸流的产生所引起的水体循环，以保持沿岸流沿岸线方向的均匀性。在岸滩模型上形成的沿岸流会流向岸滩下游的水渠并且经过岸滩模型后侧的水渠流向岸滩模型的上游，这样形成了一个完整的循环系

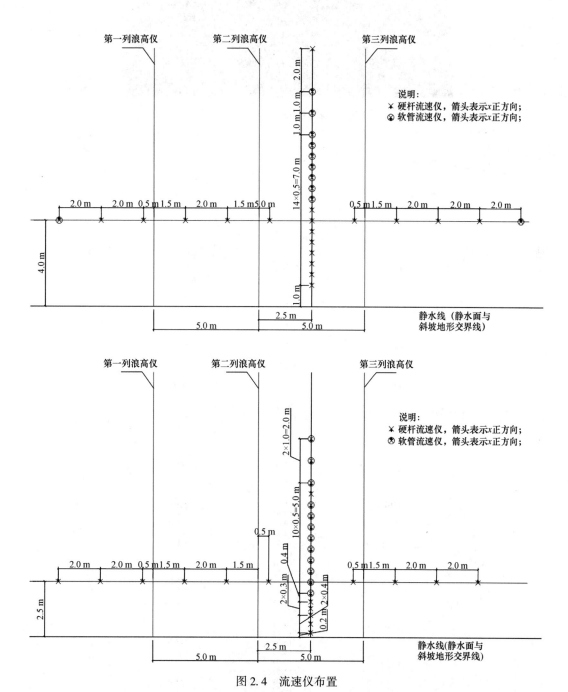

图 2.4　流速仪布置

上图为 1∶100 坡度；下图为 1∶40 坡度

图 2.5 流速仪和浪高仪布置照片

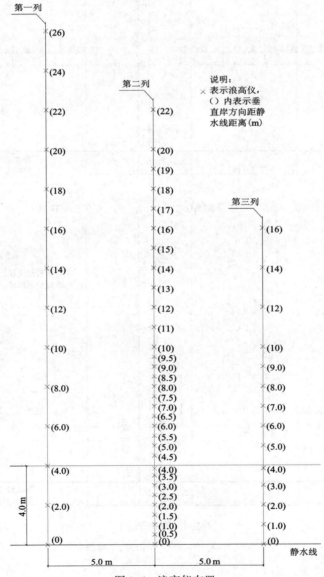

图 2.6 浪高仪布置

统。实验过程中用浮子法观察了模型和水池之间间隙中的水流循环情况，发现水流的循环流动是存在的，并且是比较明显的。模型的两边缘到造波板附近设置了波导墙，使水流在外部循环，避免外部水流对内部水体的干扰，并且在波导墙内壁处设有消浪网，以消减波浪的反射。

Brebner 等[31]已经讨论过在封闭港池内由沿岸流形成的这种被动的循环系统。与主动循环系统相比，这个系统的缺点是，它只能在岸滩模型的中间部分形成相对均匀的沿岸流（主动循环系统可以在整个岸滩模型上都形成均匀的沿岸流），但是这种循环系统的优点是沿岸流不会受到水泵系统引入的人造流的影响。测量稳定的平均沿岸流分布仅需要沿岸流在岸滩中间部分达到均匀，在当前的实验中应用被动循环系统是可以接受的。关于被动循环系统形成的沿岸流的沿岸均匀性将在 2.2.1 节中加以讨论。

实验中所有 ADV 流速仪的采样频率为 20 Hz，这次实验沿岸流数据采集的时间对于 1：100 坡度为：规则波采集时间为 450 s，不规则波采集时间为 700 s；对于 1：40 坡度为：规则波采集时间为 600 s，不规则波采集时间为 700 s，使沿岸流充分达到稳定和均匀。在分析沿岸流流速的时间平均值时，需要截取流动稳定之后的流速时间历程。在测量沿岸流速时间历程的过程中，也同时测量了波面升高的时间历程，其测量时间与流速测量时间相同，波高和增减水也是取波浪场稳定后的波面升高的时间历程求得，对测量得到的波面时间历程，截取其时间历程后 200 s 的数据来分析波高和增减水。

实验中采用的波浪包括规则波和不规则波两种，二者均为单向波，其中，不规则波采用 JONSWAP 谱（谱峰因子取 $\gamma = 3.3$）。表 2.1 给出了实验中采用波浪的波浪要素：水深平均沿岸流峰值位置 x_{vmax}、破碎点位置 x_b、破波类型参数 ξ_0，波浪周期 T，规则波平均波高 H，其中，破波类型参数 ξ_0 可由公式 $\xi_0 = \tan\beta_s (H_0/L_0)^{-1/2}$ [86]计算得到，下标 0 表示深水情况参数，$L_0 = gT^2/(2\pi)$，$\tan\beta_s$ 为岸滩坡度。由计算结果 $\xi_0 < 0.5$ 知，实验中波浪的破波类型为溢破波。1：100 坡度情况下，实验波况包含 1.0 s、1.5 s 和 2.0 s 三个周期，分别用 T1、T2 和 T3 表示，相应的波高分别用 H1 和 H2 表示，波高具体值见 H（H_{rms}）列，其中 H_{rms} 为不规则波均方根波高；用 RM 表示规则波缓坡情况，IM 表示不规则波缓坡情况。1：40 坡度与 1：100 坡度情况类似，同样包含 1.0 s、1.5 s 和 2.0 s 三个周期，也分别用 T1、T2 和 T3 表示，相应的波高分别用 H1、H2 和 H3 表示，波高具体值见 H（H_{rms}）列；用 RS 表示规则波较缓坡情况，IS 表示不规则波较缓坡情况。

表 2.1　波况

波况	波况命名	坡度	波浪类型	T（s）	H（H_{rms}）（cm）	ξ_0	x_{vmax}（m）	x_b（m）
1	RMT1H1	1：100	规则波	1.0	2.52	0.181	3.5	5.0
2	RMT1H2	1：100	规则波	1.0	4.90	0.056	7.0	8.5
3	RMT2H1	1：100	规则波	1.5	2.53	0.229	4.5	6.0
4	RMT2H2	1：100	规则波	1.5	5.30	0.081	7.0	9.5

波况	波况命名	坡度	波浪类型	T (s)	H (H_{rms}) (cm)	ξ_0	x_{vmax} (m)	x_b (m)
5	RMT3H1	1:100	规则波	2.0	3.16	0.240	5.5	7.0
6	RMT3H2	1:100	规则波	2.0	4.80	0.114	6.0	10.0
7	IMT1H1	1:100	不规则波	1.0	2.56	0.078	4.0	8.5
8	IMT1H2	1:100	不规则波	1.0	3.71	0.065	4.5	9.5
9	IMT2H1	1:100	不规则波	1.5	2.56	0.117	4.0	7.5
10	IMT2H2	1:100	不规则波	1.5	3.57	0.099	6.0	12.0
11	IMT3H1	1:100	不规则波	2.0	2.44	0.160	4.0	8.0
12	IMT3H2	1:100	不规则波	2.0	3.63	0.131	6.0	12.0
13	RST1H1	1:40	规则波	1.0	5.80	0.130	2.0	3.0
14	RST1H2	1:40	规则波	1.0	8.60	0.107	3.5	5.0
15	RST1H3	1:40	规则波	1.0	10.50	0.096	4.0	6.0
16	RST2H1	1:40	规则波	1.5	6.50	0.184	2.5	4.0
17	RST2H2	1:40	规则波	1.5	10.80	0.143	4.5	9.0
18	RST2H3	1:40	规则波	1.5	11.50	0.138	4.5	9.5
19	RST3H1	1:40	规则波	2.0	6.00	0.255	2.5	4.5
20	RST3H2	1:40	规则波	2.0	9.50	0.203	3.5	7.0
21	RST3H3	1:40	规则波	2.0	10.50	0.193	4.5	8.0
22	IST1H1	1:40	不规则波	1.0	4.05	0.155	1.6	4.0
23	IST1H2	1:40	不规则波	1.0	5.63	0.132	2.5	5.0
24	IST1H3	1:40	不规则波	1.0	6.76	0.120	3.0	9.5
25	IST2H1	1:40	不规则波	1.5	4.49	0.221	2.5	4.5
26	IST2H2	1:40	不规则波	1.5	6.94	0.178	3.0	8.0
27	IST2H3	1:40	不规则波	1.5	8.13	0.164	4.0	9.5
28	IST3H1	1:40	不规则波	2.0	3.38	0.340	2.0	5.0
29	IST3H2	1:40	不规则波	2.0	5.71	0.262	3.0	6.5
30	IST3H3	1:40	不规则波	2.0	7.20	0.233	3.5	9.0

2.2 平均沿岸流均匀性和重复性

2.2.1 平均沿岸流沿岸均匀性

由沿岸流理论分析知（见 Longuet-Higgins[7] 的相关文章），假定岸滩坡度均匀一致，岸线平直，入射波高沿岸方向均匀一致，则沿岸流在沿岸分布是均匀的。在实验中，由于受到水池几何尺寸和循环系统的影响，沿岸流在沿岸方向上通常是不均匀的，所以 Visser[20] 采用了主动循环系统来最大化地保持沿岸的均匀性。由于本书模型实验未采用 Visser 所用的主动水循环系统，而是采用了被动的水循环系统，这样沿岸流在沿岸方向会有差别，这一差别由沿岸布置的 12 个 ADV 流速仪监测。

　　本节主要讨论被动循环系统产生的沿岸流的均匀性问题。在实验中可以观测到，经由下游流到上游可以补偿到沿岸流中的流很小，即海岸上游端沿岸流很小，因此，可以认为本书的实验模型与上游边界封闭、下游开敞的实验方案相同。Dalrymple 等[87]已经对这种循环系统做了理论分析和实验测量，其结果和本实验显示，对于这种循环系统，沿岸流会在岸滩模型中间形成沿岸较为均匀的沿岸流。图 2.7 给出 Dalrymple 等[87]的实验和理论分析流场的结果，在本实验中也观测到了类似的流场形态。

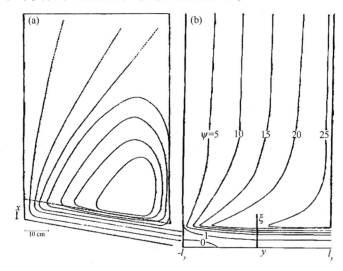

图 2.7　上游端封闭下游端开放海岸模型流场流线（Dalrymple 等[87]）

(a) 实验；(b) 理论

　　为了检验沿岸流沿岸均匀性，在平坡岸滩模型上布置了沿岸方向的测量断面以测量沿岸流沿岸方向的变化。图 2.8 分别给出了 1∶100 平坡地形上（距离岸线 4.0 m）规则波波况 RMT1H1 和不规则波波况 IMT1H1 的沿岸流沿岸分布以及 1∶40 平坡地形上（距离岸线 2.5 m）规则波波况 RST1H1 和不规则波波况 IST1H1 的沿岸流沿岸分布，可以看出，对平坡各个波况沿岸流从 $y=8.0$ m 到 $y=18.0$ m 是相对均匀的，沿岸流沿岸均匀性的长度约为岸滩模型的 1/3。因此，沿岸流均匀性能够保证测量沿岸流垂直岸方向剖面分布是合理的。图 2.9 给出了与图 2.8 对应波况的流速矢量图，可以看出，缓坡海岸上，各个波况沿岸流从 $y=8.0$ m 到 $y=18.0$ m 的流动方向基本保持不变。

　　进一步研究不同波高和不同周期对沿岸均匀性的影响。图 2.10 和图 2.11 分别是 1∶100 坡度下规则波和不规则波在不同波高和不同周期条件下平均沿岸流的沿岸分布；图 2.12 和图 2.13 分别是 1∶40 坡度下相应的结果。结果表明，在周期为 1 s 的情况下，沿岸流中间段的均匀性优于周期为 1.5 s 和 2 s 时的结果。在周期为 1.5 s 和 2 s 时，沿岸流中间段有较明显的上升趋势。

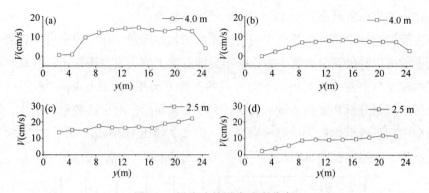

图 2.8 沿岸流的沿岸速度分布

（a）：RMT1H1，（b）：IMT1H1，（c）：RST1H1，（d）：IST1H1

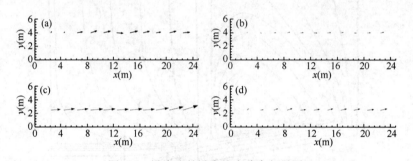

图 2.9 沿岸流的沿岸速度分布矢量图

（a）：RMT1H1，（b）：IMT1H1，（c）：RST1H1，（d）：IST1H1

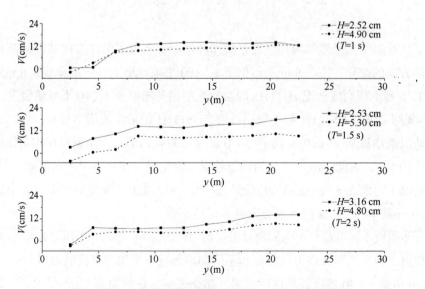

图 2.10 规则波不同波高和不同周期平均沿岸流的沿岸分布（坡度 1∶100）

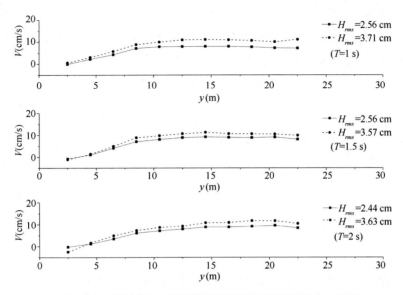

图 2.11　不规则波不同波高和不同周期平均沿岸流的沿岸分布（坡度 1∶100）

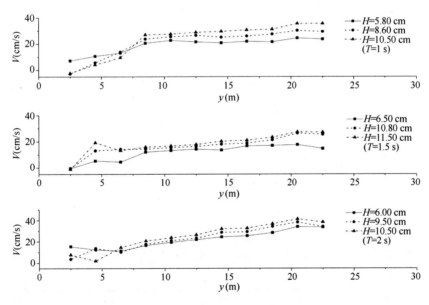

图 2.12　规则波不同波高和不同周期平均沿岸流的沿岸分布（坡度 1∶40）

　　波浪场的沿岸均匀性通过在垂直岸线方向布置三列浪高仪来检验（见图 2.4 中第一列、第二列和第三列）。图 2.14 给出了平坡上的实验波况 RMT1H1、RST1H1 及 IMT1H1、IST1H1 与图 2.8 相对应的波高和增减水的测量结果，可以看出，在实验中，波高和增减水沿岸分布较为均匀一致，即波浪场沿岸分布均匀，其他实验波况的波浪场也较为均匀一致。

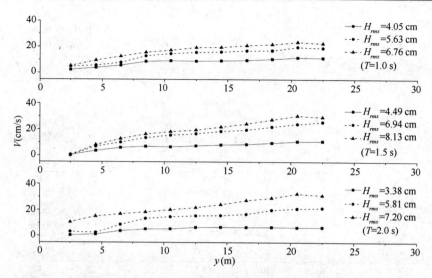

图 2.13　不规则波不同波高和不同周期平均沿岸流的沿岸分布（坡度 1：40）

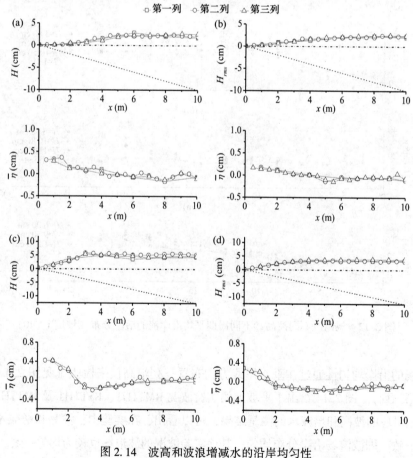

图 2.14　波高和波浪增减水的沿岸均匀性

（a）：RMT1H1；（b）：IMT1H1；（c）：RST1H1；（d）：IST1H1

2.2.2 平均沿岸流测量重复性

本节通过三次波高、波浪增减水和平均沿岸流的测量结果来检验每个波况的重复性。需要指出的是，沿岸流测量时间的确定应该使得沿岸流达到稳定的状态，即在测量时间范围内已经实现了稳定的沿岸流。为了说明这一问题，这里给出规则波情况和不规则波情况沿岸流速度时间历程，以说明测量得到的沿岸流已经达到稳定。图 2.15 给出的是在 $x = 4.0$ m 处测量得到的结果，同时也给出了低通滤波截断频率为 0.1 Hz 的流速时间历程。由图可见，沿岸流在 200 s 以后已经稳定且没有较大的波动。对于其他波况，沿岸流的流速时间历程也在 200 s 以后达到稳定状态。

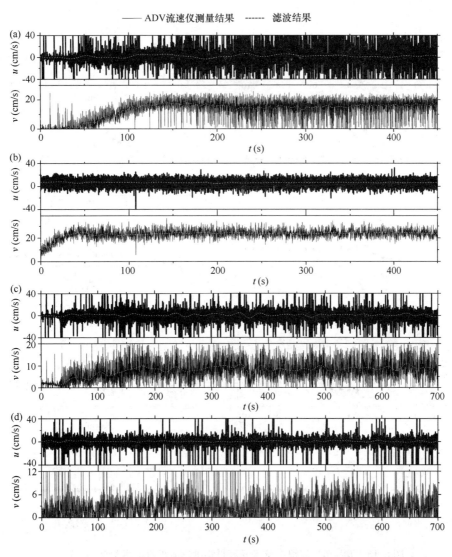

图 2.15　垂直岸方向流速时间历程 u 和沿岸方向流速时间历程 v

（a）：RMT1H1；（b）：RST1H1；（c）：IMT1H1；（d）：IST1H1

21

　　图 2.16 给出了 1∶100 坡度情况下 RMT1H1 和 IMT1H1 以及 1∶40 坡度情况下 RST1H1 和 IST1H1 三次的测量结果。由图可见，三次的测量结果差别不大（相对误差小于 25%），具有较好的重复性，其他波况的重复性与之类似。

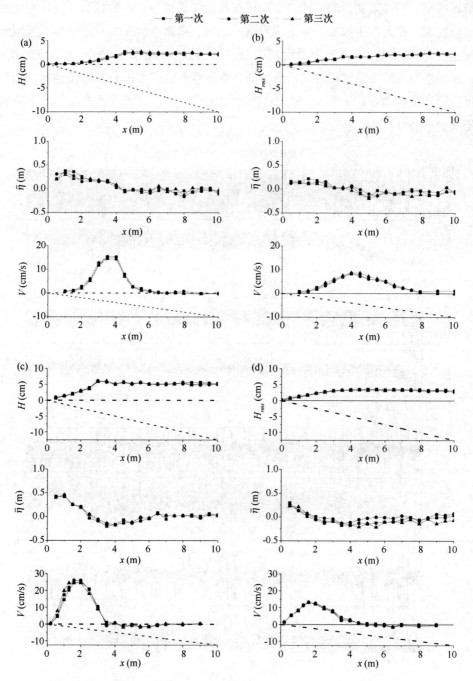

图 2.16　波高 H、波浪增减水 $\bar{\eta}$ 和平均沿岸流流速 V 实验结果重复性

（a）：RMT1H1；（b）：IMTIH1；（c）：RST1H1；（d）：IST1H1

本节进行了缓坡平均沿岸流分布的物理模型实验，利用 ADV 流速仪测量了 1∶100 和 1∶40 平面斜坡上沿垂直岸线方向的平均沿岸流分布。由实验结果可知，在缓坡地形下，沿岸方向有近 1/3 岸滩模型长度处的沿岸流是比较均匀的（尤其在小周期条件下），可以满足沿岸均匀沿岸流的测量要求。同时，实验结果也显示，实验中的波浪场和流场的重复性良好，保证了实验多次测量的准确性。

2.3 平均沿岸流剖面特征

为了进一步分析缓坡地形下平均沿岸流的剖面分布特征，本节给出 1∶100 坡度和 1∶40 坡度情况下不同波高和不同周期作用下的波高、波浪增减水和平均沿岸流分布的实验结果。目前的一些研究采用了 Allen 等[46] 提出的曲线作为沿岸流的分布曲线（以下简称 Allen 曲线），如 Özkan-Haller 等[70] 在研究沿岸流不稳定运动中涡的相互作用时，在坡度为 1∶20 的平面斜坡地形上采用的就是 Allen 形式的沿岸流剖面，并用它作为计算初始时刻的平均沿岸流。为了验证 Allen 曲线的适用性，本节采用 Allen 曲线对 1∶100 坡度和 1∶40 坡度情况下平均沿岸流的实验结果进行拟合，发现 1∶40 坡度情况下 Allen 曲线是不适合的。Allen 曲线能较好地拟合 1∶100 坡度情况下的平均沿岸流速度剖面，尤其能体现实验所产生的平均沿岸流海岸一侧下凹的趋势特征，但不能体现 1∶40 坡度情况下平均沿岸流最大值海岸一侧上凸的趋势特征。

Allen 等[46] 给出了平均沿岸流垂直岸方向的解析速度剖面 $V(x)$ 的表达式

$$V(x) = c_0 x^2 e^{-(x/\alpha)^n} \tag{2.1}$$

其中，x 为离岸线的垂直距离，c_0、α 和 n 为控制沿岸流分布的待定系数，通常 n 取整数。本节用 Matlab 自定义函数 $V(x) = c_0 x^2 e^{-(x/\alpha)^n}$ 拟合了实验测量得到的平均沿岸流速度剖面。根据试算，1∶100 坡度情况下规则波取 $n=6$，不规则波取 $n=3$，1∶40 坡度情况下规则波取 $n=5$，不规则波取 $n=2$。在拟合参数 n 给定的情况下，用 Matlab 自定义函数拟合实验数值会返回另外两个拟合参数 c_0 和 α 以及判定拟合好坏的评估值 R。拟合参数 c_0 的范围为 0.004 3～0.360 0，α 的范围为 0.780～7.903，R 的范围为 0.905 0～0.980 0，拟合结果在图 2.18 和图 2.19 中给出。为了进一步说明 1∶100 坡度和 1∶40 坡度的速度剖面特征及 Allen 曲线剖面特征，图 2.17 给出了 1∶100 坡度和 1∶40 坡度平均沿岸流无因次速度剖面（1∶100 坡度波况 RMT1H1 和 1∶40 坡度波况 RST1H1）及 $n=6$ 时的 Allen 曲线示意图，结果表明，1∶100 坡度平均沿岸流最大值海岸一侧是下凹的，相应的，1∶40 坡度情况下是上凸的，由此可知，Allen 曲线剖面特征与坡度 1∶100 的情况吻合，它能体现 1∶100 坡度情况下平均沿岸流海岸一侧下凹的趋势特征。

2.3.1 1∶100 坡度平均沿岸流剖面特征

图 2.18 和图 2.19 分别给出了 1∶100 坡度规则波和不规则波在不同波高、不同周期

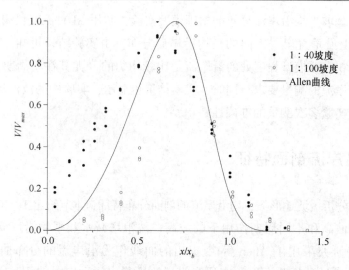

图 2.17　坡度 1∶100 和 1∶40 平均沿岸流无因次速度剖面示意

情况下的垂直岸方向的波高（规则波对应的是平均波高 H，不规则波对应的为均方根波高 H_{rms}）、波浪增减水 $\overline{\eta}$ 和平均沿岸流流速 V（实心黑点表示三组实验的测量结果）。采用上文提到的 Allen 形式的沿岸流分布曲线，见式（2.1），拟合了实验分析所得到的垂直岸方向的平均沿岸流流速 V。

由图 2.18 和图 2.19 可知，在 1∶100 坡度情况下，波高呈下凹形式分布，并不成线性递减趋势。这表明波浪破碎后，波高不与水深成正比，即波高处于非饱和状态，破碎不完全，破碎过程中，波高不完全由地形控制，它还有自己的演化，波浪发生二次破碎，波高并不是保持一直减小，而是减小到一定程度之后保持不变再减小。如图 2.20 所示，RMT3H2 在距岸线约 10 m 处发生了第一次破碎，在距岸线约 5 m 处发生了相对较弱的第二次破碎。相应的波浪增减水向岸增长趋势逐渐变缓，这是因为波浪增减水是由波高决定的，波浪增减水的梯度和波高的梯度只差一个系数。

规则波比不规则波的该特征更明显。相近波高在不同周期条件下，沿岸流最大值变化不大，周期越大，波高向岸增加的趋势越大，这是因为折射引起的波高 H_i 与浅水变形系数 k_s 成正比，即 $H_i = H_0 k_s k_r$（H_0 为深水波高，k_r 为波浪折射系数），浅水变形系数 k_s 又与波浪周期 T 成正比所致；在相同周期、不同波高条件下，波高越大，产生的沿岸流最大值也相对较大，相应的，沿岸流分布范围也越广。此外，一个很明显的特征是，在 1∶100 坡度情况下，平均沿岸流最大值海岸一侧出现拐点，呈下凹分布，这和 Allen 曲线一致，但和 2.3.2 节的 1∶40 坡度情况不同，其平均沿岸流最大值海岸一侧呈上凸分布。

为了进一步反映出波浪二次破碎，图 2.21 给出了 RMT1H2 在发生二次破碎及其前后各 2 m 位置附近的波面升高的时间历程。由图可知，波面升高在 8.0 m 处较陡，且左右不对称，表明该位置发生了破碎；波面升高在 5 m 处左右对称，表明该位置没有发生破碎；

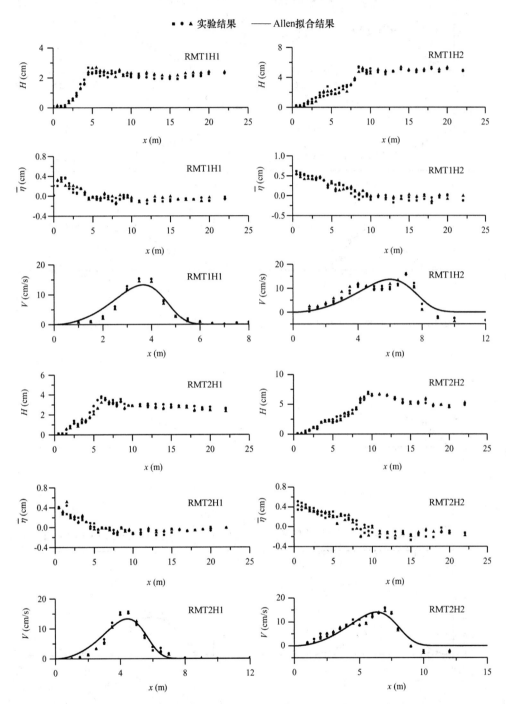

图 2.18（a） 规则波波高 H、增减水 $\bar{\eta}$ 和平均沿岸流流速 V（一）（坡度 1∶100）

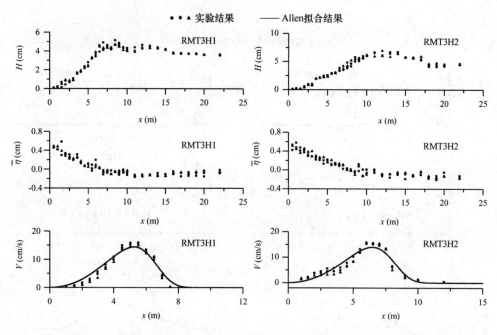

图 2.18（b） 规则波波高 H、增减水 $\bar{\eta}$ 和平均沿岸流速度 V（二）（坡度 1∶100）

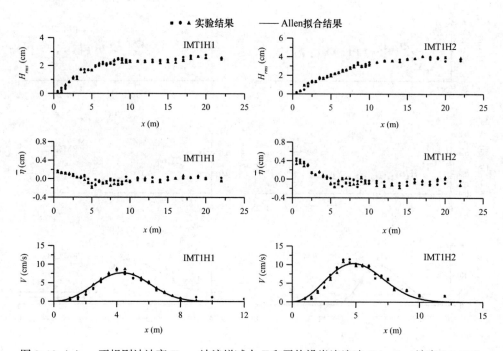

图 2.19（a） 不规则波波高 H_{rms}、波浪增减水 $\bar{\eta}$ 和平均沿岸流流速 V（一）（坡度 1∶100）

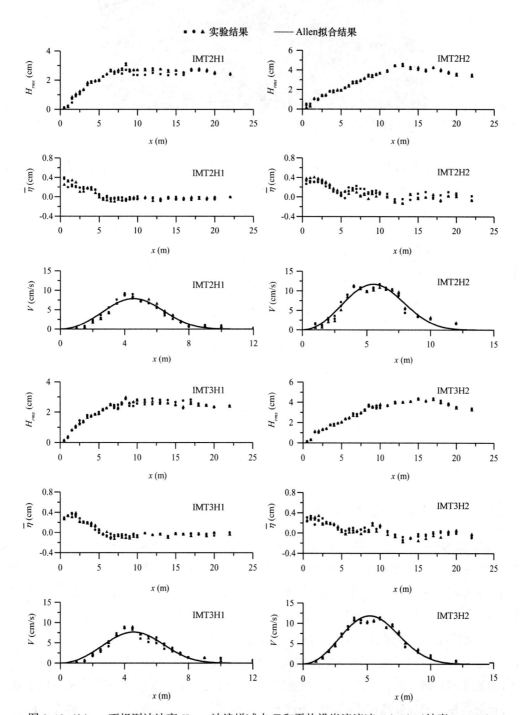

图 2.19（b）　不规则波波高 H_{rms}、波浪增减水 $\bar{\eta}$ 和平均沿岸流流速 V（二）（坡度 1∶100）

图 2.20　波浪二次破碎（坡度 1∶100，RMT3H2，$T = 2$ s，$H = 4.8$ cm）

波面升高在 2.5 m 处较陡，且左右不对称，表明该位置发生了破碎，因此，波浪在 5 m 位置附近发生了二次破碎。

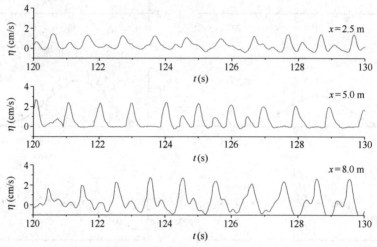

图 2.21　波面升高时间历程（坡度 1∶100，RMT1H2，$T = 1$ s，$H = 4.9$ cm）

2.3.2　1∶40 坡度平均沿岸流剖面特征

　　图 2.22 和图 2.23 分别给出了 1∶40 坡度规则波和不规则波处于不同波高、不同周期情况下的垂直岸方向的波高（规则波对应的是平均波高 H，不规则波对应的为均方根波高 H_{rms}）、波浪增减水 $\overline{\eta}$ 和平均沿岸流流速 V。采用 Allen 形式的沿岸流分布曲线拟合了实验分析所得到的垂直岸方向的平均沿岸流流速 V，结果表明，与 1∶100 坡度情况类似，在 1∶40 坡度情况下，波浪也发生了轻微的二次破碎。波浪破碎后波高处于非饱和状态，破碎不完全，它还有自己的演化，使得波浪破碎后波高也呈下凹趋势分布，但下凹程度比 1∶100 坡度弱；相应的，波浪增减水只在近岸处增长趋势稍有变缓；规则波比不规则波的该特征更明显。相近波高在不同周期条件下，沿岸流最大值变化不大，周期越大，波高向岸增加的趋势越大；相同周期，在不同波高条件下，波高越大，产生的沿岸流最大值也相对较大，相应的，沿岸流分布范围也越广。

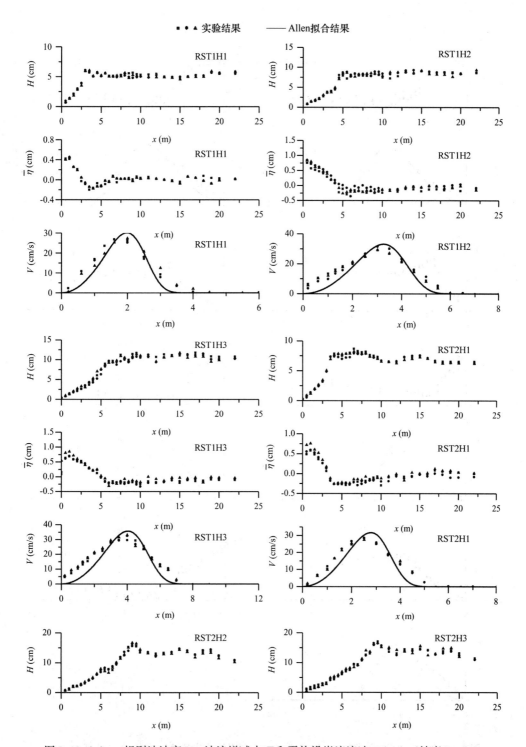

图 2.22（a） 规则波波高 H、波浪增减水 $\overline{\eta}$ 和平均沿岸流流速 V（一）（坡度 1∶40）

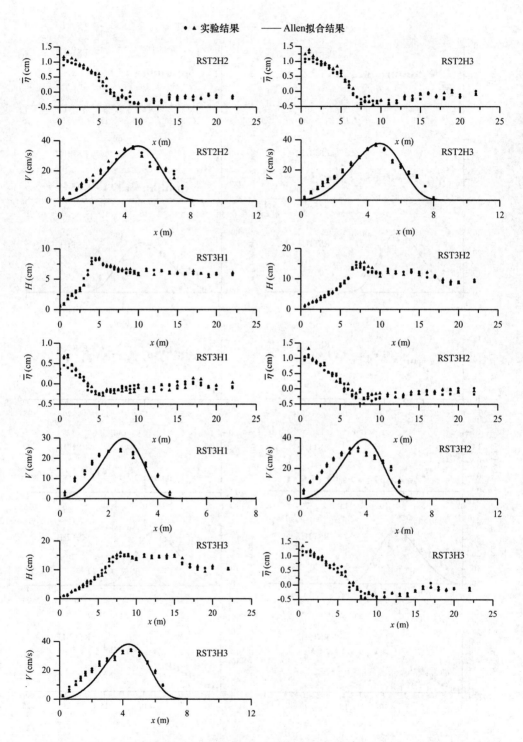

图 2.22（b）　规则波波高 H、波浪增减水 $\overline{\eta}$ 和平均沿岸流流速 V（二）（坡度 1∶40）

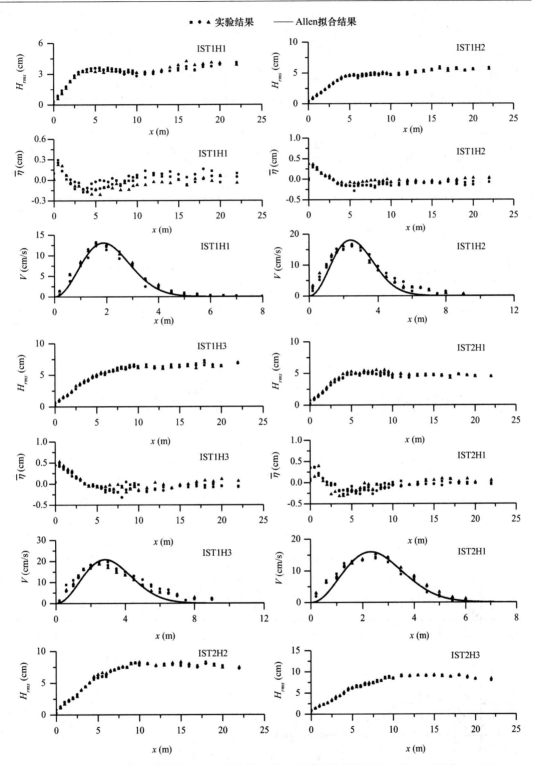

图 2.23（a） 不规则波波高 H_{rms}、波浪增减水 $\overline{\eta}$ 和平均沿岸流流速 V（一）（坡度 1∶40）

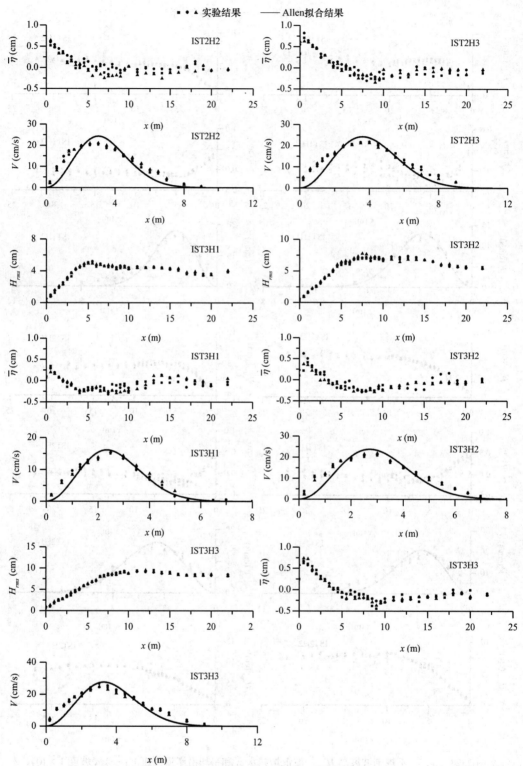

图 2.23（b） 不规则波波高 H_{rms}、波浪增减水 $\overline{\eta}$ 和平均沿岸流流速 V（二）（坡度 1∶40）

观察在 1∶100 坡度和 1∶40 坡度相近入射波高（IMT1H2 和 IST1H1）下的结果可发现，1∶40 坡度下产生的沿岸流破波带宽度小于 1∶100 坡度下的结果，相应的，沿岸流分布宽度也小于 1∶100 坡度下的沿岸流分布宽度，1∶40 坡度下产生的沿岸流最大值大于 1∶100 坡度下的结果。

与 1∶100 坡度下结果不同的是，1∶40 坡度下产生的平均沿岸流最大值海岸一侧是上凸的（1∶100 坡度情况下是下凹的），这与 Allen 曲线的分布形式不同。由图 2.22 和图 2.23 可见，Allen 曲线不能体现 1∶40 坡度下平均沿岸流最大值海岸一侧上凸的趋势特征，对于 1∶40 坡度不规波波况，Allen 曲线也没能较好地拟合其平均沿岸流最大值离岸一侧的剖面分布，但对于 1∶40 坡度规则波波况，Allen 曲线能较好地拟合其平均沿岸流最大值离岸一侧的剖面分布；对于 1∶100 坡度情况，Allen 曲线能较好地拟合其平均沿岸流速度剖面（确定系数 R 的范围为 0.905 0~0.980 0，R 越接近 1，表明这个模型对数据拟合得越好），尤其能体现实验所产生的平均沿岸流海岸一侧下凹的趋势特征。第 3 章将通过数值模拟的方法对以上不同坡度导致不同的平均沿岸流速度分布作进一步的探讨和解释。

2.4 小结

为了分析缓坡情况下波高、波浪增减水和平均沿岸流的速度分布特征，本章分别在 1∶100 坡度和 1∶40 坡度平面斜坡上进行了平均沿岸流的物理模型实验，得到缓坡情况下波高、波浪增减水和平均沿岸流的速度不同于陡坡情况的特征，主要结论如下。

（1）在缓坡情况下，波浪破碎后，波高呈下凹趋势，波高不与水深成正比，即波高处于非饱和状态，破碎不完全，在破碎过程中，波高不完全由地形控制，它还有自己的演化，波浪发生二次破碎，使得波高减小后又增大，之后再次发生破碎。坡度越缓，波高下凹越明显。

（2）在缓坡情况下，波浪破碎后，波浪增减水向岸增长趋势逐渐变缓，坡度越缓，波浪增减水向岸增长趋势越缓。波浪增减水是由波高决定的，波浪增减水的梯度和波高的梯度只差一个系数。在 1∶100 坡度波浪破碎后，波高下凹趋势明显，这使得相应情况下的波浪增减水向岸一侧分布变缓趋势更明显。

（3）1∶100 坡度平均沿岸流海岸一侧分布呈下凹趋势，而 1∶40 坡度呈上凸趋势。Allen 沿岸流分布曲线能较好地拟合 1∶100 坡度平均沿岸流海岸一侧分布呈下凹趋势的特征，但不能得到 1∶40 坡度平均沿岸流向岸一侧分布呈上凸趋势的特征。

3　缓坡海岸平均沿岸流速度剖面特征

由第 2 章实验所测得的平均沿岸流剖面可知，缓坡 1∶100 的平均沿岸流分布不同于较缓坡 1∶40 的平均沿岸流分布。两者海岸一侧的平均沿岸流分布有着明显差别：前者海岸一侧平均沿岸流分布呈下凹趋势；后者的呈上凸的趋势，符合通常沿岸流的解析解分布。本章分析产生这种现象的物理机理，即确定导致以上平均沿岸流剖面分布差别的影响因素是什么，分析采用平均沿岸流的解析解和数值模拟的方法。

3.1　时均沿岸流模型及其简化解析解

本节针对第 2 章中平直斜坡的实验情况建立时均沿岸流模型，在此基础上简化得到平均沿岸流的解析解，从沿岸流解析解出发来探讨平均沿岸流速度剖面特征这一问题。

3.1.1　时均沿岸流模型数学描述

时均沿岸流模型基本的控制方程为波浪周期平均和水深平均后形成的包含波浪驱动力项、侧向混合项以及底摩擦力项的水平二维近岸环流方程

$$\frac{\partial \eta}{\partial t} + \frac{\partial}{\partial x}[ud] + \frac{\partial}{\partial y}[vd] = 0 \tag{3.1}$$

$$\frac{\partial u}{\partial t} + u\frac{\partial u}{\partial x} + v\frac{\partial u}{\partial y} = -g\frac{\partial \eta}{\partial x} + \widetilde{\tau}_x + \tau'_x - \frac{1}{\rho d}\tau_{bx} \tag{3.2}$$

$$\frac{\partial v}{\partial t} + u\frac{\partial v}{\partial x} + v\frac{\partial v}{\partial y} = -g\frac{\partial \eta}{\partial y} + \widetilde{\tau}_y + \tau'_y - \frac{1}{\rho d}\tau_{by} \tag{3.3}$$

式中，x 和 y 分别为垂直海岸方向和沿岸方向，取 x 轴向岸为正，原点取在岸线上，如图 3.1 所示。η 为波浪周期时间平均后的波面升高，h 为静水水深，$d = h + \eta$ 为总水深，u 和 v 分别为 x 和 y 方向上的波浪平均和水深平均的水流速度，$\widetilde{\tau}_x$ 和 $\widetilde{\tau}_y$ 为波浪驱动力，τ'_x 和 τ'_y 为侧向混合项，τ_{bx} 和 τ_{by} 为底摩擦力项。

上述方程中所包含的波浪驱动力项、侧向混合项以及底摩擦力项的表达式分别如下。

（1）波浪驱动力

波浪驱动力 $\widetilde{\tau}_x$ 和 $\widetilde{\tau}_y$ 可由 Longuet-Higgins 等[6]的辐射应力计算得到

$$\widetilde{\tau}_x = -\frac{1}{\rho d}\left(\frac{\partial S_{xx}}{\partial x} + \frac{\partial S_{xy}}{\partial y}\right), \quad \widetilde{\tau}_y = -\frac{1}{\rho d}\left(\frac{\partial S_{xy}}{\partial x} + \frac{\partial S_{yy}}{\partial y}\right) \tag{3.4}$$

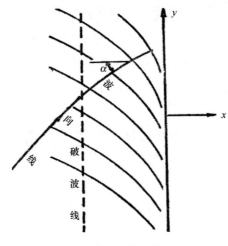

图 3.1　坐标系统

对于平面斜坡，波高在沿岸方向没有变化时，辐射应力对 y 的导数为零，故波浪驱动力可由式（3.4）简化成如下形式：

$$\widetilde{\tau}_x = -\frac{1}{\rho d}\left(\frac{\partial S_{xx}}{\partial x}\right), \quad \widetilde{\tau}_y = -\frac{1}{\rho d}\left(\frac{\partial S_{xy}}{\partial x}\right) \tag{3.5}$$

本模型辐射应力包含两部分，一部分为波浪辐射应力，另一部分为水滚辐射应力。在非等水深的地形条件下，波浪折射绕射的作用导致波向发生变化，设波向与 x 轴夹角为 α，则波浪辐射应力张量 S 为

$$S = \begin{bmatrix} S_{xx,w} & S_{xy,w} \\ S_{yx,w} & S_{yy,w} \end{bmatrix} = E_w\begin{bmatrix} n\cos^2\alpha + \frac{1}{2}(2n-1) & \frac{n}{2}\sin2\alpha \\[2mm] \frac{n}{2}\sin2\alpha & n\sin^2\alpha + \frac{1}{2}(2n-1) \end{bmatrix} \tag{3.6}$$

式中，$E_w = \rho g H^2/8$ 为单位水柱体内周期平均的波能量，ρ 为流体密度，g 为重力加速度，H 为波高，$n = [1 + 2kh/\sinh(2kh)]/2$ 为波能传递率，k 为波数。当已知各点的波高和波向时，可以非常方便地计算出各点的波浪辐射应力分量 $S_{xx,w}$、$S_{xy,w}$、$S_{yx,w}$ 和 $S_{yy,w}$。相应的水滚产生辐射应力 $S_{xx,r}$ 和 $S_{xy,r}$ 可表示为

$$S_{xx,r} = 2E_r\cos^2\alpha, \quad S_{xy,r} = E_r\sin2\alpha \tag{3.7}$$

式中，$E_r = \rho A_r c^2/(2L)$ 为水滚能量（Svendsen[88]），A_r 为水滚的面积，c 为波浪传播速度，L 为波长。

（2）侧向混合

侧向混合项采用 Özkan-Haller 等[70]给出的公式

$$\tau'_x = \frac{2}{d}\frac{\partial}{\partial x}\left(\nu_e d\frac{\partial u}{\partial x}\right) + \frac{1}{d}\frac{\partial}{\partial y}\left(\nu_e d\frac{\partial v}{\partial x}\right), \quad \tau'_y = \frac{1}{d}\frac{\partial}{\partial x}\left(\nu_e d\frac{\partial v}{\partial x}\right) \tag{3.8}$$

式中，ν_e 为涡黏系数。对于破波带内的流动，Longuet-Higgins[7]给出的表达式为

$$\nu_e = -Nx\sqrt{gd} \tag{3.9}$$

式中，$N \approx 0 \sim 0.016$ 是代表侧向混合强度的一个系数。在破波带外，ν_e 的值可取为波浪开始破碎时所在点 x_b 的 ν_e 值。涡黏系数 ν_e 也可写成 $\nu_e = Md\sqrt{gd}$（M 为常数）。

（3）底部摩擦力

本模型中波浪与水流共同作用时的底摩擦力采用一般的底摩擦力定义 $\tau_b = \rho f u^2/2$，只是把速度 u 换为波流共同作用下的速度 u_{cw}，把底摩擦系数 f 换为波流共同作用时的底摩擦系数 f_{cw}，即得到以下表达式：

$$\tau_b = \frac{1}{2}\rho f_{cw}|u_{cw}|u_{cw} \tag{3.10}$$

式中，$u_{cw} = (u_{wa}\cos\omega t + u_c\cos\varphi_c,\ u_c\sin\varphi_c)$ 为水流与波浪的叠加速度，其中，φ_c 为水流与波浪夹角，u_c 为水流流速，$u_w = u_{wa}\cos\omega t$ 为波浪水质点速度，u_{wa} 为近底波浪水质点水平速度幅值，可由线性波浪理论得出 $u_{wa} = 2\pi a_m/T$，T 为波浪周期，$a_m = H/[2\sinh(kh)]$ 为由线性波浪理论得出的波浪底部水质点最大位移幅值；波流共存时的底摩擦系数 f_{cw} 将式（3.10）在波浪周期内进行时间平均，在弱水流（$u_c \ll u_{wa}$）情况下可得简化的波流作用下的水底摩擦力 τ_{bx} 和 τ_{by}（详细推导见附录 A）。

$$\tau_{bx} = 2\mu\rho u_c,\quad \tau_{by} = \mu\rho v_c \tag{3.11}$$

式中，底摩擦系数 $\mu = (2/\pi)f_{cw}u_{wa}$。

以上表达式中，底摩擦系数 f_{cw} 一般可按 Jonsson[89]建议的公式 $f_{cw} = (u_{wa}f_w + u_cf_c)/(u_{wa} + u_c)$ 来确定，其中，f_w 为波浪底摩擦系数，f_c 为流底摩擦系数。在弱水流（$u_c \ll u_{wa}$）情况下，一般可简单近似取为较大的波浪底摩擦系数 f_w（$f_c < f_{cw} < f_w$），3.2.3 节将针对缓坡沿岸流的情况对这种近似取法的适用性进行研究。下面给出波浪底摩擦系数 f_w 和流底摩擦系数 f_c 的表达式。

Nielsen[90]给出波浪作用下的底摩擦系数表达式为

$$f_w = \exp\left[5.5\left(\frac{a_m}{\Delta}\right)^{-0.2} - 6.3\right] \tag{3.12}$$

式中，$a_m = H/[2\sinh(kh)]$ 为水底处流体质点位移幅值，Δ 为水底粗糙度。显然，波浪底摩擦系数 f_w 依赖于 a_m/Δ。本书实际应用中，是将波浪底摩擦系数 f_w 近似取为常数，这种近似取法的合理性将在 3.2.3 节中给出。

对平稳水流，水底摩擦力可以由水流流速和几何尺度（h 和 Δ，Δ 为水底粗糙度）来表达

$$\tau_b = \rho f_c u_c^2 \tag{3.13}$$

式中，f_c 为流底摩擦系数。

Manning[91]给出流作用下的底摩擦系数表达式为

$$f_c = \frac{gn^2}{h^{1/3}} \tag{3.14}$$

Manning-Strickler 给出流作用下的底摩擦系数表达式为[92]

$$f_c = 0.015\left(\frac{\Delta}{h}\right)^{1/3} \tag{3.15}$$

以上结果表明，流作用下的底摩擦系数 f_c 是依赖于水深的，均与水深 $h^{1/3}$ 成反比，它表明水深越浅，摩阻系数的影响越大。Ruessink 等[93]在沙坝地形上的平均沿岸流现场实验的数值模拟中采用的就是上述与水深 $h^{1/3}$ 成反比的底摩擦系数。本书在坡度很缓的情况下（1∶100）[当坡度很缓时，波浪破碎强度较弱，由波浪破碎产生的湍流运动更像一般水流中的湍流运动，故坡度很缓的情况下（1∶100），可以考虑将波流共存时的底摩擦系数 f_{cw} 取为流底摩擦系数 f_c]，底摩擦系数也可取类似以上对水深的依赖关系，只是将水底粗糙度 Δ 换成破碎处的水深 h_b。通过 3.3 节对平均沿岸流实验的数值模拟结果，流底摩擦系数 f_c 取与水深 h 成反比的结果比取与水深 $h^{1/3}$ 成反比的结果与实验吻合更好。为方便比较，这里分别取流底摩擦系数 f_c 为

$$f_c = C_f \frac{h_b}{h} \tag{3.16}$$

和

$$f_c = C_f \left(\frac{h_b}{h}\right)^{1/3} \tag{3.17}$$

式中，C_f 为依实验地形而定的无量纲常数。

计算表明，对于 1∶40 坡度情况，波流共存时的底摩擦系数 f_{cw} 可以取为波浪底摩擦系数 f_w，从而得到平均沿岸流最大值海岸一侧呈上凸趋势的特征；但对于 1∶100 坡度情况不适合，此时波流共存时的底摩擦系数 f_{cw} 需要取为流底摩擦系数 $f_c = C_f(h_b/h)$，从而得到平均沿岸流最大值海岸一侧呈下凹趋势的特征，具体数值模拟结果和讨论见 3.3 节。

在数值模拟的过程中，除需确定上述各项作用力以外，还需由波能守恒方程和水滚能量方程来描述波浪的传播变形过程。因为本实验中针对的都是平直海岸，所以，这里的计算模型都是针对这一简单情况提出的，即考虑平直海岸短波运动的能量方程为

$$\frac{\mathrm{d}E_w c_g \cos\alpha}{\mathrm{d}x} = -\varepsilon_b \tag{3.18}$$

式中，$c_g = [1/2 + kh/\sinh(2kh)]c$ 为波群速度 [$c = \omega/k$ 为波速，ω 是角频率，k 为波数，满足线性波浪色散关系 $\omega^2 = gk\tanh(kh)$]；α 为波浪相对于海岸垂线方向的入射角，可由 Snell 定律 $\sin\alpha/c = \sin\alpha_0/c_0$ 求得（ α_0、c_0 分别是入射波在破波带外某点处的入射角和波速）；ε_b 为波浪破碎时的能量耗散项，常用的有 Roelvink 模型[94]和 Battjes 模型[95]；Roelvink 模型

中 $\varepsilon_b = (1 - \exp\{-[H_{rms}/(\gamma h)]^n\})2\alpha_b f_p E_w$，Battjes 模型中 $\varepsilon_b = \rho g \alpha_b H_{max}^2 Q_b/(4T_p)$，其中，$H_{max} = 0.88\tan(\gamma kh/0.88)/k$ 为最大波高，H_{rms} 为均方根波高，α_b 表示波浪破碎强度，$Q_b = \exp[(Q_b-1)/(H_{rms}/H_{max})^2]$ 为波浪破碎概率，n 为指数，T_p 为谱峰周期，f_p 为谱峰频率，γ 为波浪破碎指标，一般认为当某点的波高 H 大于该点的最大破碎波高 H_b 时，该点波浪发生破碎，H_b 可由经验表达式简单确定 $H_b = \gamma h$（一般可结合当地地形由实验或经验公式给定波浪破碎指标 γ）。Dally 等[96]假定能量耗散率 ε_b 与当地的能量流 E_w 和稳定能量流之差成正比，即 $\varepsilon_b = K_d(E_w c_g - E_s c_g)/h \varepsilon_b = \dfrac{K_d}{h}(E_w c_g - E_s c_g)$ $\varepsilon_b = \dfrac{K_d}{h}(E_w c_g - E_s c_g)$，$E_s = \rho g(\Gamma h)^2/8$，$\Gamma$ 表示稳定因子，K_d 表示衰减系数。

观察实验波高结果发现，实验中发生了二次破碎，故本章选取类似 Dally 等[96]提出的能量耗散率 ε_b。实验波高在（$x_b/2 \sim x_b$）（x_b 为破波带宽度）范围内衰减较快，在（$0 \sim x_b/2$）范围内衰减较慢。因此，这里对 Dally 等[96]提出的能量耗散率 ε_b 进行三点改进：①将 Dally 等[96]提出的能量耗散率 ε_b 中 $E_s c_g$ 对应的波群传播速度 c_g 取为破波带宽度一半时对应的波群传播速度 c_{gb}。②将当地的水深 h 用当地的浅水波长 $\sqrt{gh}T$ 来表达。通过第一点改进，会使得能通量差（$E_w c_g - E_s c_{gb}$）在（$x_b/2 \sim x_b$）范围内的值较大，使得能量耗散率 ε_b 在该范围内值较大，从而使得波高在该范围内衰减较快，同理，能通量差（$E_w c_g - E_s c_{gb}$）在（$0 \sim x_b/2$）范围内的值较小，使得能量耗散率 ε_b 在该范围内值较小，从而使得波高在该范围内衰减较慢，这将能更好地模拟上述实验中二次破碎导致的波高分布；通过第二点改进，可使能量耗散变为单位长度上的而不是单位水深上的。③对于不规则波，能量耗散率 ε_b 先按 Roelvink 模型计算，并根据计算出均方根波高 H_{rms} 的结果，求出沿空间分布的均方根波高的均方根 $H_{rms}^R = \sqrt{\sum_{i=1}^{n} H_{rms}^2/n}$，此时，当按 Roelvink 模型计算出的均方根波高 $H_{rms} < H_{rms}^R$ 时，能量耗散率 ε_b 采用改进后的波能耗散率 ε_b 来计算，前者是为了考虑不规则波波高具有不同破碎点的特点，后者是为了反映二次破碎的特征。改进后的波能耗散率 ε_b（后文简称为"改进的 Dally 波能耗散"）可表达为

$$\varepsilon_b = \frac{K_d}{\sqrt{gh}T}(E_w c_g - E_s c_{gb}) \tag{3.19}$$

水滚能量方程为

$$-\varepsilon_b + \frac{\mathrm{d}(2E_r c\cos\alpha)}{\mathrm{d}x} = -c\bar{\tau}_t \tag{3.20}$$

式中，$\bar{\tau}_t = \rho g A_r \sin\beta/L$ 是波浪和水滚交界面之间的剪应力，其中 β 为水滚前倾角。

3.1.2 平均沿岸流的解析解

为方便得到沿岸流的解析解，需对 3.1.1 节中的浅水方程作进一步简化，故采用以下

假定：①海岸平直且沿岸流为稳定水流；②垂直岸线方向的流速可假定为零，即 $u=0$。

此时连续方程（3.1）成为恒等式，动量方程（3.2）和方程（3.3）可简化为

$$\frac{\partial S_{xx}}{\partial x} + \rho g d \frac{\partial \eta}{\partial x} = 0 \tag{3.21}$$

$$-\frac{\partial S_{xy}}{\partial x} - \tau_{by} + \rho d \tau'_y = 0 \tag{3.22}$$

式中，y 方向的底摩擦力 τ_{by} 由式（3.11）给出，y 方向的侧向湍流应力 τ'_y 由式（3.8）给出。方程（3.21）为波浪增减水方程，其解表达的仍然是波浪增减水，所以这里不再求解这一方程。方程（3.22）表达在 y 方向（沿岸方向）辐射应力的合力（$-\partial S_{xy}/\partial x$）与水底摩擦力 τ_{by} 和湍流剪切应力（侧向混合应力）τ'_y 相平衡，后两个量都依赖于沿岸流速度 v，所以求解该方程可以确定沿岸流速度 v。$\partial S_{xy}/\partial x$ 在破波带内外有不同的表达式：在破波带外为零；在破波带内为 $\partial S_{xy}/\partial x = 5\rho u_m^2(K-1)\tan\beta_s\sin\alpha/4$。这是因为，$S_{xy}=(E_w c\cos\alpha)(\sin\alpha/c)$，由折射定律可知，$\sin\alpha/c$ 为常数，由波能守恒可知，$E_w c n\cos\alpha$ 为常数，故在破波带外 $\partial S_{xy}/\partial x = 0$；破波带内近似有 $n \approx 1$，$\cos\alpha \approx 1$，$E_w = \rho g \gamma^2(h+\eta)^2/8$，$c \approx \sqrt{g(h+\eta)}$，可得 $S_{xy} = \rho g^{3/2}\gamma^2(h+\eta)^{5/2}(\sin\alpha/c)/8$，应用 $\partial h/\partial x = -\tan\beta_s$，$\partial\eta/\partial x = K\tan\beta_s$｛其中，$K = 1/[1+8/(3\gamma^2)]$，$\beta_s$ 为平面斜坡海岸坡度｝，将 S_{xy} 对 x 求导即可得到破波带内 $\partial S_{xy}/\partial x$ 的值。

将 $\partial S_{xy}/\partial x$ 的值代入方程（3.22）可得沿岸流速度 v 分布的控制方程

破波带内 $x<x_b$，

$$\frac{5}{4}\rho u_{wa}^2(1-K)\tan\beta_s\sin\alpha - \frac{2}{\pi}\rho f_{cw}u_{wa}v + \frac{\partial}{\partial x}\left[\rho\nu_e(h+\eta)\frac{\partial v}{\partial x}\right] = 0 \tag{3.23}$$

破波带外 $x>x_b$，

$$-\frac{2}{\pi}\rho f_{cw}u_{wa}v + \frac{\partial}{\partial x}\left[\rho\nu_e(h+\eta)\frac{\partial v}{\partial x}\right] = 0 \tag{3.24}$$

由方程（3.23）和方程（3.24）可知，沿岸流速度 v 分布与波流共同作用下的底摩擦系数 f_{cw} 密切相关，选取不同形式的底摩擦系数必然导致不同形式的沿岸流分布。由 3.1.1 节底摩擦力的讨论可知，可将波流共同作用下的底摩擦系数 f_{cw} 取成波浪底摩擦系数 f_w。为了得到平均沿岸流的解析解，将其近似取为常数，这个常数可以理解为破波带内底摩擦系数的平均值。这里先针对这种常数形式的底摩擦系数，即将波流共同作用下的底摩擦系数 f_{cw} 取成波浪底摩擦系数 f_w 并将其近似取为常数，给出其相应的解析解。

为了便于方程求解，引入无因次变量

$$X = \frac{x}{x_b}, \quad V = \frac{v}{v_0} \tag{3.25}$$

其中，$v_0 = 5\pi(1-K)\tan\beta_s u_{wb}\sin\alpha_b/(8f_w)$ 为不考虑侧向混合时在破碎点处的沿岸流速度

($u_{wb} = u_{wa}/X^{1/2}$, $\sin\alpha_b = \sin\alpha/X^{1/2}$).

经过无量纲处理后，可得到破波带内外动量方程的无量纲表达的微分方程

$$P \frac{\partial}{\partial x}\left(X^{5/2}\frac{\partial V}{\partial X}\right) - X^{1/2}V = \begin{cases} -X^{3/2}, & 0 \leqslant X \leqslant 1 \\ 0, & 1 \leqslant X < \infty \end{cases} \tag{3.26}$$

式中，$P = N\pi(1 - K)\tan\beta_s/(\gamma f_w)$。由于 N 是代表侧混强度的一个系数，f_w 是代表底摩擦力大小的一个系数，故 P 可视为代表侧混与底摩擦力相对重要性的一个参数。

方程（3.26）为二阶线性常微分方程，它的解为

当 $P \neq 2/5$ 时，

$$V = \begin{cases} B_1 X^{p_1} + A_0 X, & 0 \leqslant X \leqslant 1 \\ B_2 X^{p_2}, & 1 \leqslant X < \infty \end{cases} \tag{3.27}$$

当 $P = 2/5$ 时，

$$V = \begin{cases} 10X/49 - 5X\ln X/7, & 0 \leqslant X \leqslant 1 \\ 10X^{-5/2}/49, & 1 \leqslant X < \infty \end{cases} \tag{3.28}$$

式中，$p_1 = -3/4 + (9/16 + 1/P)^{1/2}$，$p_2 = -3/4 - (9/16 + 1/P)^{1/2}$，$B_1 = (p_2 - 1)A_0/(p_1 - p_2)$，$B_2 = (p_1 - 1)A_0/(p_1 - p_2)$，$A_0 = 1/(1 - 5P/2)$。

对于不同的 P 值，用方程（3.27）和方程（3.28）计算沿岸流流速 V 在 x 轴上的变化。由图3.2可以看到：P 值不同，V 的分布也不同。一方面，随着 P 值的增大，破波带内的流速趋于均匀，最大流速与平均流速均减小，最大流速的位置向岸靠拢；另一方面，随着 P 值的增大，破波带外的流速逐渐增强。由于破波带外不存在驱动流的力，此处的流速是由于侧向混合产生的紊动切应力将破波带内的水流的一部分动量传递给破波带外的水体而带动的。P 值越大，则侧向混合传递动量的作用越强，破波带外的流速也越大。

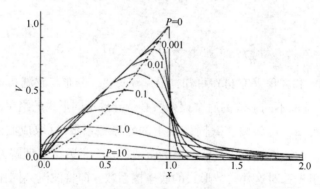

图3.2　沿岸流流速分布的理论形式

因此，P 值对于沿岸流流速分布有重要影响。Longuet-Higgins[7] 曾用实验资料进行对比，发现合适的 P 值在0.1~0.4之间，但据日本水口和堀川的实验，P 值在0.04~0.14之间。现在还没有合适的确定 P 值的方法，这是应用上文所求得的沿岸流解析解的一个主要困难。

进一步由图 3.2 可知，平均沿岸流解析解最大值靠近海岸一侧为上凸的，这与第 2 章的相对 1∶40 坡度情况的实验结果一致。但对于 1∶100 坡度情况，实验结果沿岸流最大值近岸一侧为下凹的，这与沿岸流的解析结果不一致。上面解析解的得到依赖于底摩擦系数 f_{cw} 的选取，以上推导中选取了常数形式的底摩擦系数，所以使得方程（3.26）的系数 P 为常数，但是若将底摩擦系数 f_{cw} 取成流底摩擦系数 f_c，则其会跟水深有关，这样该系数会变成与水深有关，此时方程的解也会随之改变，得到的平均沿岸流速度剖面将不再是这种形式。但此时对应的解析解不易求得，所以以下面将通过数值解给出对应这种底摩擦系数的平均沿岸流速度剖面。

3.2 模型参数对平均沿岸流速度剖面影响

3.1.2 节中，沿岸流的解析解表明，平均沿岸流速度剖面是依赖于底摩擦系数 f_{cw} 选取的。波流共同作用下底摩擦系数 f_{cw} 取成波浪底摩擦系数 f_w 并将其近似取为常数时，对应的平均沿岸流最大值海岸一侧为上凸的，这与第 2 章 1∶40 坡度情况下平均沿岸流上凸的实验结果一致，但与 1∶100 坡度情况下下凹的实验结果不符。3.1.2 节求平均沿岸流解析解的过程中，是假定将底摩擦系数 f_{cw} 取为常数，但如果考虑底摩擦系数 f_{cw} 与水流有关，这时底摩擦系数与水深有关，将不再是常数。本节将用 3.1.1 节建立的平均沿岸流数学模型对第 2 章的实验情况进行数值模拟，讨论模型中所包含的侧混、水滚和底摩擦模型参数的影响。由数值计算表明，波流共存时底摩擦系数 f_{cw} 对平均沿岸流海岸一侧剖面形状有重要影响，它的不同表达形式将分别产生海岸一侧上凸、下凹和不凸不凹的平均沿岸流剖面。以此为基础，提出了适合一般缓坡地形条件的沿岸流模拟中波流共存时的底摩擦系数 f_{cw} 的取法。

下面将以 1∶100 坡度规则波波况 RMT2H1 和不规则波波况 IMT1H1 以及 1∶40 坡度规则波波况 RST1H1 和不规则波波况 IST1H1 实验数据为基础，分析底摩擦、侧混、水滚以及波高对平均沿岸流速度剖面的影响。讨论方法是固定其他参数，只变化一个参数来讨论这一参数的影响。这些固定参数是对同种情况下不同波况取同一值，该取值方法是使得各波况都能得到较好精度的模拟结果，具体值见表 3.1 和表 3.2。

表 3.1 采用式（3.16）计算沿岸流速度时数学模型中计算参数取值

坡度	类型	破波指标 γ	底摩擦系数 C_f	侧混系数 N	水滚前倾角 β	比例系数 K_d	稳定因子 Γ
1∶100	规则波	0.61	0.006	0.002	0.05	2.0	0.40
	不规则波	0.50	0.003	0.002	0.05	2.0	0.40

表 3.2　采用常数 f_w 计算沿岸流速度时数学模型中计算参数取值

坡度	类型	破波指标 γ	底摩擦系数 f_w	侧混系数 N	水滚前倾角 β	比例系数 K_d	稳定因子 Γ
1：40	规则波	0.70	0.016	0.002	0.06	2.0	0.40
	不规则波	0.50	0.012	0.002	0.10	2.0	0.40

为了说明这些计算结果对应的波高，图 3.3 至图 3.6 给出这些波况的波高和增减水结果。

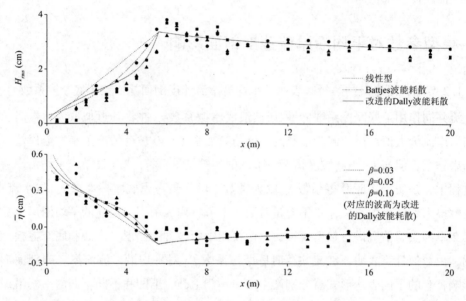

图 3.3　波浪破碎耗散对波高的影响和水滚对波浪增减水的影响（坡度 1：100，规则波 RMT2H1）
点：实验结果；线：计算结果

（1）侧混的影响

流体实际上是存在黏性的，而流体黏性力是与速度梯度成正比的，这由牛顿定律 $\tau = \mu \partial v / \partial x$ 可知。在 $\partial v / \partial x \to \infty$ 时，尽管 μ 很小，也会产生很大的黏性力 τ，这一黏性力将会带动原来为静止的流体产生运动，原来静止或较小流速的水体会被邻近较大流速所拉动而速度增大。反过来，原来较大流速也会被邻近较小流速所滞留而速度减小。这一作用在破波带内由于波浪破碎会得到进一步加强，因为波浪破碎所产生的湍流也会产生以上作用，但原理有所不同。它是通过垂直于流动方向的湍流脉动运动产生的不同流速层之间流体质点交换，从而产生动量传递而实现的，因而称为侧混作用。在对侧向混合项的计算中，采用式（3.9）计算侧向混合项中的涡黏系数 ν_e，此时涉及系数 N 的取值，Longuet - Higgins[7] 指出 N 的取值范围为 0～0.016。Reniers 等[34] 指出侧混作用会使沿岸流速度剖面变得宽而扁且更加光滑。

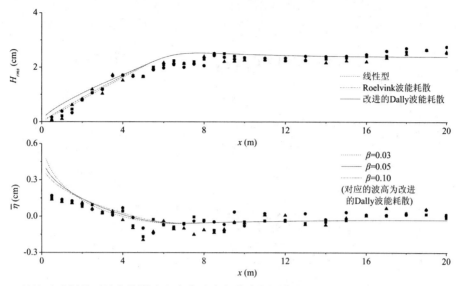

图 3.4 波浪破碎耗散对波高的影响和水滚对波浪增减水的影响（坡度 1∶100，不规则波 IMT1H1）

点：实验结果；线：计算结果

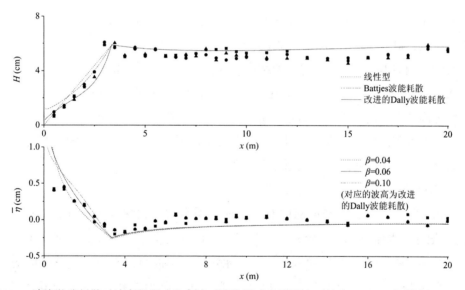

图 3.5 波浪破碎耗散对波高的影响和水滚对波浪增减水的影响（坡度 1∶40，规则波 RST1H1）

点：实验结果；线：计算结果

本节针对缓坡平均沿岸流实验结果，通过改变系数 N 值说明侧混对平均沿岸流速度剖面的影响，从而进一步说明侧混的影响不是产生 1∶100 坡度情况下沿岸流最大值向岸一侧呈下凹趋势的原因。这里取三个不同的系数 N（0.001、0.002 和 0.01）来分析侧混的影响，其他参数固定，取值见表 3.1 和表 3.2。平均沿岸流速度计算及相应的实验结果如图 3.7（a）、图 3.8（a）、图 3.9（a）、图 3.10（a）所示，其中，图 3.7（a）和图 3.8（a）

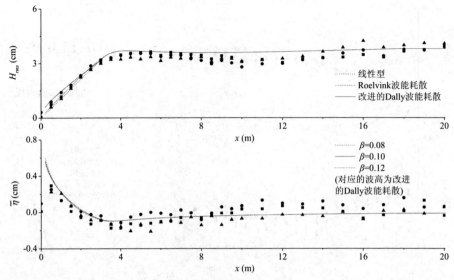

图 3.6　波浪破碎耗散对波高的影响和水滚对波浪增减水的影响（坡度 1：40，不规则波 IST1H1）
点：实验结果；线：计算结果

分别针对 RMT2H1 和 IMT1H1；图 3.9（a）和图 3.10（a）分别针对 RST1H1 和 IST1H1。

由图可见，侧混对 1：100 坡度和 1：40 坡度情况的影响是一样的。它对平均沿岸流速度分布的影响与 Reniers 等[34] 得出的结论一致，侧混作用使得沿岸流速度剖面变得宽而扁，系数 N 的值越大，计算的沿岸流在波浪破碎前越大，破碎后量值越小，这使得沿岸流总的宽度范围越大，沿岸流最大值稍微减小且最大值位置稍向岸一侧移动。侧混主要改变沿岸流总的宽度范围而不改变沿岸流近岸一侧的剖面形状，因此，1：100 坡度地形下平均沿岸流海岸一侧呈下凹趋势并不能通过改变侧混结果来实现。

（2）水滚的影响

当波浪发生破碎时，波峰的前面有一水体出现紊动并很快冲下波前，Svendsen[88] 和 Duncan[97] 把这一水体与波浪部分分开，并将这一被分离出来的、充满气泡的水体定义为"水滚"。Deigaard 等[98] 用几何学方法定义了水滚，假定波浪没有破碎时波前的局部波陡梯度有一个最大值 $\tan\beta$，将 β 角之上到水面之间的水体称为水滚，并简单地认为当波前的局部波陡梯度超过这个值时，波浪就开始破碎。波能和动量的存储依赖于水滚前倾角 β 的值，大 β 值会导致较小的水滚面积。Reniers 等[34] 指出水滚会使波浪增减水和平均沿岸流最大值向岸方向偏移。水滚前倾角 β 值越小、沿岸流速度最大值越大，其位置也越靠近岸线，相应的，波浪增减水也越靠近岸线，并且波浪增减水在岸线处的增水也越大。本节针对缓坡平均沿岸流的实验结果，通过改变水滚前倾角 β 值说明水滚对缓坡平均沿岸流的影响，从而进一步说明水滚的影响不是产生 1：100 坡度情况下沿岸流最大值向岸一侧呈下凹趋势的原因。这里取三个不同的水滚前倾角 β 来分析水滚的影响，分别为 1：100 坡度

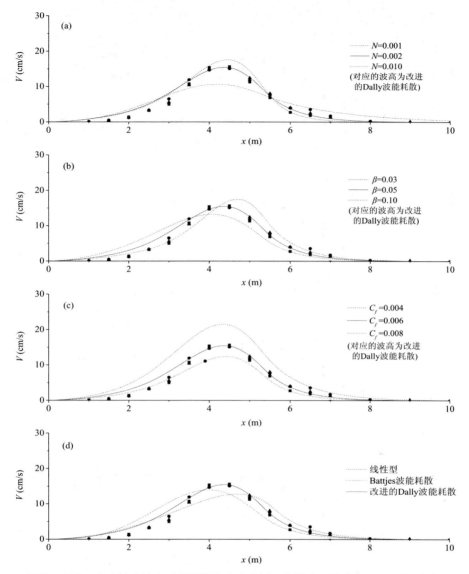

图 3.7　侧混、水滚、底摩擦和波高对平均沿岸流速度剖面的影响（坡度 1∶100，规则波 RMT2H1）

点：实验结果；线：计算结果

规则波 β（0.03、0.05 和 0.10），1∶40 坡度规则波 β（0.04、0.06 和 0.10），1∶100 坡度不规则波 β（0.03、0.05 和 0.10）和 1∶40 坡度不规则波 β（0.08、0.10 和 0.12），其他参数固定，取值见表 3.1 和表 3.2。平均沿岸流速度计算及相应的实验结果如图 3.7（b）、图 3.8（b）、图 3.9（b）、图 3.10（b）所示，其中，图 3.7（b）和图 3.8（b）分别针对 RMT2H1 和 IMT1H1；图 3.9（b）和图 3.10（b）分别针对 RST1H1 和 IST1H1。

　　由图可见，水滚对 1∶100 坡度和 1∶40 坡度情况的影响是一致的，即水滚对平均沿岸流速度分布和波浪增减水的影响与 Reniers 等[34]得出的结论一致，水滚前倾角 β 值越小，

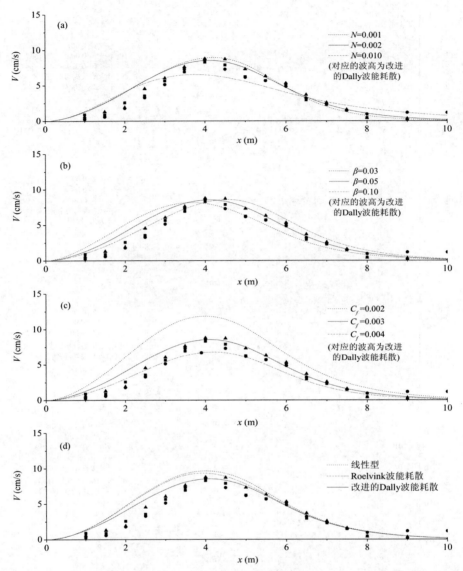

图 3.8　侧混、水滚、底摩擦和波高对平均沿岸流速度剖面的影响（坡度 1∶100，不规则波 IMT1H1）

点：实验结果；线：计算结果

沿岸流速度最大值越大，其位置也越靠近岸线，相应的，波浪增减水也越靠近岸线，并且波浪增减水在岸线处的增水也越大。水滚前倾角 β 主要影响沿岸流速度的最大值及其位置，而不改变沿岸流近岸一侧的剖面形状。由此也可以看出，水滚的变化并不能改变海岸一侧速度剖面分布特征。因此，在 1∶100 坡度地形下，平均沿岸流海岸一侧呈下凹趋势不能通过改变水滚结果来实现。

（3）底摩擦的影响

本书所研究的底摩擦力的作用实际上对应的是波流相互作用时的底摩擦力，因为水流

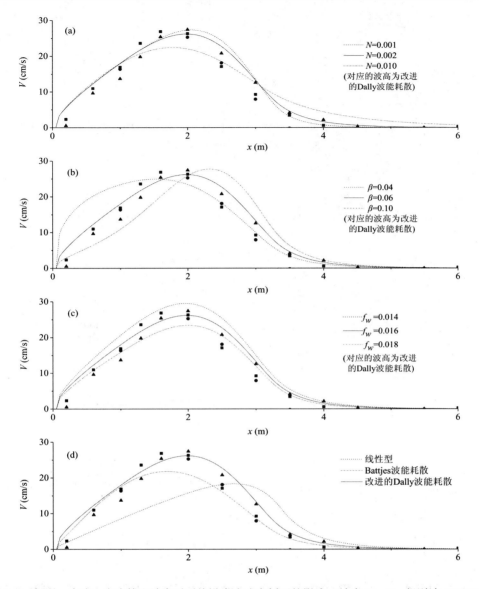

图 3.9   侧混、水滚、底摩擦和波高对平均沿岸流速度剖面的影响（坡度 1：40，规则波 RST1H1）

点：实验结果；线：计算结果

是沿岸流，波浪是本实验的入射波浪，所以需要考虑波流共同作用下底摩擦力系数 f_{cw} 的确定问题。根据平均沿岸流实验结果，本书中底摩擦力的选取与一般的情况有所不同，对于 1：40 坡度，我们仍然取波浪底摩擦系数 f_w 并将其近似取为常数，其表达式如式（3.12）所示；但对于 1：100 坡度，为了使计算所得的剖面是下凹的，所以取流底摩擦系数 f_c，具体表达式如式（3.16）所示。本节给出这些结果的有关讨论。

数值计算中将波浪底摩擦系数 f_w 近似取为常数，这里将讨论其合理性。图 3.11 给出了 1：100 和 1：40 两个坡度情况下同样的波浪底摩擦系数 f_w 随水深的变化关系（考虑到

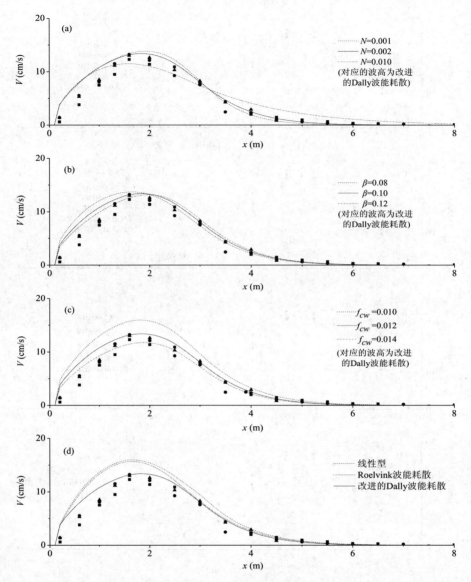

图 3.10 侧混、水滚、底摩擦和波高对平均沿岸流速度剖面的影响（坡度 1∶40，不规则波 IST1H1）

点：实验结果；线：计算结果

实验中水底为水泥地面，取水底粗糙度 $\Delta = 0.2$ mm；以 RST1H1 为例），为方便与式（3.16）流底摩擦系数 f_c 比较，图 3.11 同时给出了 1∶100 和 1∶40 两个坡度情况下的流底摩擦系数 f_c 随水深的变化关系。根据不同坡度的结果可以看出，1∶100 和 1∶40 两种坡度下底摩擦系数的计算结果接近，坡度对底摩擦系数影响不大；在平直缓坡实验条件下，流底摩擦系数 f_c 受水深的影响较大，且流底摩擦系数 $f_c = C_f(h_b/h)$ 受水深影响程度明显大于流底摩擦系数 $f_c = C_f(h_b/h)^{1/3}$ 受水深的影响，而波浪底摩擦系数 f_w 受水深的影响较小，可近似取为常数。

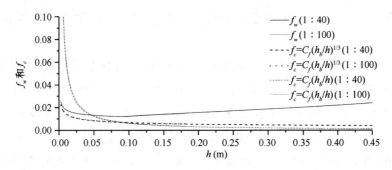

图 3.11　波浪底摩擦系数和流底摩擦系数随水深的变化（RST1H1，$T=1$ s，$H=5.80$ cm）

为了考虑底摩擦对平均沿岸流速度剖面的影响，通过对 1∶100 坡度规则波取三个不同的流底摩擦系数 C_f（0.004、0.006 和 0.008）（C_f 为流底摩擦系数 f_c 表达式中的无量纲系数），对 1∶100 坡度不规则波取三个不同的流底摩擦系数 C_f（0.002、0.003 和 0.004），对 1∶40 坡度规则波取三个不同的波浪底摩擦系数 f_w（0.014、0.016 和 0.018），对 1∶40 坡度不规则波取三个不同的波浪底摩擦系数 f_w（0.010、0.012 和 0.014）来分析这一影响（其中，$C_f=0.006$ 和 $C_f=0.003$ 时，分别与 1∶100 坡度规则波和不规则波实验结果吻合良好；$f_w=0.016$ 和 $f_w=0.012$ 时，分别与 1∶40 坡度规则波和不规则实验结果吻合良好。本书在这两个波况下定出的底摩擦系数的值也适用于实验中的其他波况，1∶100 坡度和 1∶40 坡度实验各波况的平均沿岸流数值模拟中，保持与这两个波况相同的底摩擦系数，通过与图 3.11 理论结果进行对比发现，该波浪底摩擦系数 f_w 与理论结果的平均值接近，有关内容将在 3.3 节中述及），其他参数固定，取值见表 3.1 和表 3.2。平均沿岸流速度计算及相应的实验结果如图 3.7（c）、图 3.8（c）、图 3.9（c）、图 3.10（c）所示，由图可见，1∶100 坡度取流底摩擦系数 $f_c=C_f(h_b/h)$ 可以得平均沿岸流海岸一侧呈下凹趋势的速度分布；1∶40 坡度取波浪底摩擦系数 f_w 可以得平均沿岸流海岸一侧呈上凸趋势的速度分布；底摩擦系数 C_f 或 f_w 直接影响沿岸流速度的最大值，C_f 或 f_w 值越小，沿岸流速度最大值越大。

以上给出的仅是 1∶40 坡度和 1∶100 坡度下的情况，但利用这一结果可以把它们推广到一般坡度的情况：由实验和数值计算结果可知，当坡度为 1∶100 时，取流底摩擦系数 f_c，计算结果与实验结果吻合；当坡度为 1∶40 时，取波浪底摩擦系数 f_w，计算结果与实验结果吻合。两个坡度对应的平均沿岸流海岸一侧剖面一凹一凸，因此，在这两个坡度之间应当存在临界坡度，即刚好对应海岸一侧不凹不凸的平均沿岸流的坡度。基于此，本节将寻求适合一般缓坡地形下的底摩擦系数。当坡度小于等于 1∶100 时，直接采用流底摩擦系数 f_c；当坡度大于等于 1∶40 时，直接采用波浪底摩擦系数 f_w；当坡度位于两者之间时，采用波浪底摩擦系数 f_w 和流底摩擦系数 f_c 的加权形式。

$$f_{cw} = f_w \left[1 - \left(\frac{0.01}{\tan\beta_s} \right)^m \right] + f_c \left(\frac{0.01}{\tan\beta_s} \right)^m \tag{3.29}$$

式中，β_s 为海岸坡度，m 为加权指数，为与 1∶40 坡度的实验结果更加符合，建议取值为 3。

为了验证上述一般缓坡地形下的底摩擦系数 f_{cw} 的合理性及其作用下不同坡度平均沿岸流的速度分布特征，这里分别取 1∶10、1∶20、1∶30、1∶40、1∶50、1∶60、1∶80、1∶100、1∶120 和 1∶150 十个不同坡度来计算 RST1H1 和 IST1H1 的平均沿岸流分布。这里保持平底处静水深为 0.45 m，通过改变计算域斜坡段长度来改变坡度。破碎指标对规则波取 $\gamma = 0.56 + 5.6\tan\beta_s$，对不规则波取 $\gamma = 0.36 + 5.6\tan\beta_s$。为了消除不同坡度情况下平均沿岸流分布宽度和最大值的影响，这里给出无因次化后的平均沿岸流速度剖面（$x' = x/x_b$，$V' = V/V_{max}$，x_b 为破波点距岸线的距离，V_{max} 为平均沿岸流的最大值），规则波和不规则波计算结果分别如图 3.12 和图 3.13 所示，图中也给出了相应情况下的无因次波高分布。由图可见，1∶100 坡度情况下计算所得的沿岸流最大值近岸一侧呈下凹趋势，而 1∶40 坡度情况下呈上凸趋势，这与实验所测结果趋势吻合。当坡度更陡（1∶10 或 1∶20）时仍呈上凸趋势，这与 Visser[20] 的实验和计算结果一致。坡度由 1∶150 增大到 1∶10 的过程中，平均沿岸流海岸一侧下凹的趋势逐渐减弱，这反映了不同坡度平均沿岸流最大值海岸一侧由下凹到上凸的逐步过渡过程。进一步观察发现，1∶50 坡度平均沿岸流最大值海岸一侧呈下凹趋势，而上面提到 1∶40 坡度情况下呈上凸趋势，这表明在 1∶40 坡度和 1∶50 坡度之间存在一临界坡度。通过试算发现，对于 RST1H1，该临界坡度为 1∶45；对于 IST1H1，该临界坡度为 1∶47。这可进一步通过比较临界坡度附近平均沿岸流海岸一侧速度剖面二阶导来确认，1∶40 坡度平均沿岸流海岸一侧速度二阶导小于 0，而 1∶45（1∶47）坡度和 1∶50 坡度情况均有二阶导等于零的点，但 1∶45（1∶47）坡度相应的二阶导更接近于零，因此，1∶45（1∶47）坡度相应的平均沿岸流海岸一侧速度更接近直线，对应不凹不凸的趋势。应用该新加权形式的底摩擦系数，能较好地得到缓坡情况下的平均沿岸流剖面。需要指出的是，该临界坡度一般依赖于波况，不同的波况可能对应的临界坡度不同。图 3.12 和图 3.13 中无因次波高结果表明，坡度越缓，相同情况下波高下凹趋势越明显，由后面波高对平均沿岸流速度剖面的影响讨论可知，这将使得平均沿岸流海岸一侧的下凹趋势更明显。

（4）波高的影响

由第 2 章平均沿岸流的实验结果可知，在 1∶100 坡度和 1∶40 坡度情况下，实验中波浪都发生了二次破碎，但 1∶100 坡度较 1∶40 坡度明显，同时规则波较不规则波明显。破碎后的波高呈下凹趋势变化而并不呈线性变化趋势，这表明波浪破碎后，波高不与水深成正比，即波高处于非饱和状态，破碎不完全，破碎过程中，波高不完全由地形控制，它还有自己的演化，波浪发生二次破碎，波高并不是保持一直减小，而是减小到一定程度之后保持不变再减小。为了分析缓坡情况下波浪破碎后这一下凹趋势的波高对平均沿岸流速度分布的影响，这里采用改进的 Dally 能量耗散模型计算波高以及采用 Battjes 模型和 Ro-

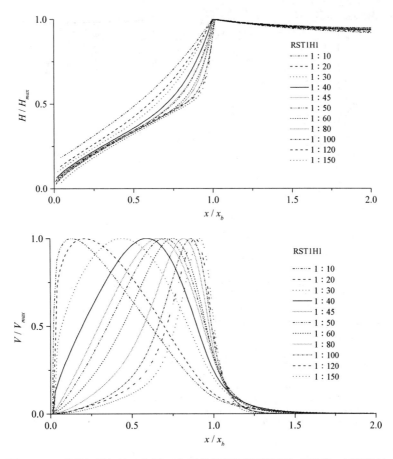

图 3.12　不同坡度波高（上图）和平均沿岸流速度剖面（下图）（规则波）

elvink 模型计算波高（对于规则波波况采用 Battjes 模型，对于不规则波波况采用 Roelvink 模型），其计算参数由表 3.1 和表 3.2 给出。为方便比较，图中也给出呈线性趋势分布的波高（控制波浪破碎后的波高为 γh），通过比较三种不同形式波高分布作用下的平均沿岸流速度分布，来说明缓坡情况下这一下凹趋势的波高对平均沿岸流速度分布的影响。

　　1∶100 坡度情况下的三种形式的波高分布如图 3.3 和图 3.4 所示，相应的，平均沿岸流速度分布如图 3.7（d）和图 3.8（d）所示；1∶40 坡度情况下的三种波高分布如图 3.5 和图 3.6 所示，相应的，平均沿岸流速度分布如图 3.9（d）和图 3.10（d）所示。由图可见，在 1∶100 坡度规则波情况下，波浪破碎后，实验测量的波高下凹明显，Battjes 模型数值计算的波高 H 呈下凹型时，与实验结果较为吻合；改进的 Dally 能量耗散模型计算的波高在（$x_b/2 \sim x_b$）（x_b 为破波带宽度）范围内衰减较快，在（$0 \sim x_b/2$）范围内衰减较慢，能更好地模拟实验中出现的二次破碎情况，与实验结果更为吻合；而波高 H 呈线性型时，与实验结果偏差较大。此时对比图 3.7（d）中三种形式的波高分布情况下的平均沿岸流速度分布可知，在波流共存时，底摩擦系数 f_{cw} 取为流底摩擦系数 C_f，平均沿岸流

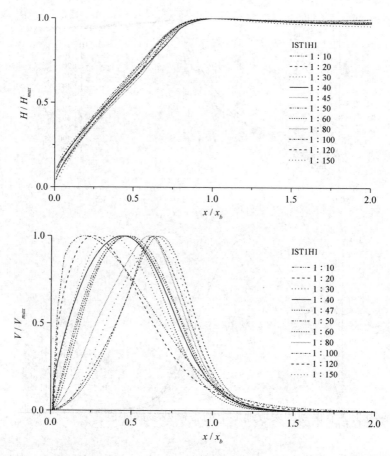

图 3.13 不同坡度波高（上图）和平均沿岸流速度剖面（下图）（不规则波）

海岸一侧均呈下凹趋势，但波高 H 呈下凹型时，平均沿岸流海岸一侧下凹趋势更明显，与实验结果吻合更好。这表明，波高 H 呈下凹型分布对缓坡平均沿岸流海岸一侧呈下凹型分布也有贡献。1：100 坡度不规则波情况下，波浪破碎后，实验测量的波高局部也有下凹趋势，但该趋势比相应的规则波要缓。与规则波情况一致，此时对比图 3.8（d）中三种形式的波高分布情况下的平均沿岸流速度分布可知，在波流共存时，底摩擦系数 f_{cw} 取为流底摩擦系数 C_f，平均沿岸流海岸一侧均呈下凹趋势，但波高 H 呈下凹型时（Battjes 模型和改进的 Dally 能量耗散模型计算下），平均沿岸流海岸一侧下凹趋势更明显，与实验结果吻合更好。这表明，波高 H 呈下凹型分布对缓坡平均沿岸流海岸一侧呈下凹型分布也有贡献。与 1：100 坡度情况类似，在 1：40 坡度规则波情况下，波浪破碎后，实验测量的波高下凹也较明显，但其下凹程度要比 1：100 坡度弱，改进的 Dally 能量耗散模型计算的波高与实验结果更为吻合，而波高 H 呈线性型时，与实验结果偏差较大。此时对比图 3.9（d）中三种形式的波高分布情况下的平均沿岸流速度分布可知，在波流共存时，底摩擦系数 f_{cw} 取为波浪底摩擦系数 f_w，平均沿岸流海岸一侧均呈上凸趋势，但波高 H 呈下凹型时，平均沿岸流海岸一侧上凸趋势要比波高 H 呈线性型时弱。由于改进的 Dally 能量耗散模型计算的波高与实验测量的波高更为吻合，使得此时的平均沿岸流速度分布也与实验结果吻合更好。在1∶40坡度不规则波情况下，波浪破碎后，实验测量的波高局部也有下凹趋势，但该趋势比相应的规则波要缓。与规则波情况一致，此时对比图 3.10（d）中三种波高分布情况下的平均沿岸流速度分布可知，在波流共存时，底摩擦系数 f_{cw} 取为波浪底摩擦系数 f_w，平均沿岸流海岸一侧均呈上凸趋势，但波高 H 呈下凹型时，平均沿岸流海岸一侧上凸趋势要比波高 H 呈线性型时弱。

进一步观察发现，波高 H 呈下凹型时（Battjes 模型计算得到的波高），在1∶100 坡度情况下，波浪破碎后，波浪增减水向岸增长趋势逐渐变缓，并不呈线性增长趋势；1∶40坡度情况下的波浪增减水只在近岸处稍有变缓趋势，基本呈线性增长。这是因为波浪增减水是由波高决定的，波浪增减水的梯度和波高的梯度只差一个系数。1∶100 坡度波浪破碎后，波高下凹趋势明显，这使得相应情况下的波浪增减水向岸一侧分布变缓趋势更明显所致。若波浪破碎后，波高处于饱和状态，波高与水深成正比，则此时的波浪增减水向岸一侧分布也将呈线性增长趋势。

3.3　平均沿岸流实验数值模拟结果

本节将应用 3.2 节得到的缓坡地形下的各模型参数（包含侧混、水滚和底摩擦）对第 2 章中各个实验波况进行数值模拟，包括 1∶100 和 1∶40 两种坡度下规则波和不规则波各波况的数值模拟结果，计算参数详见表 3.1 和表 3.2。1∶100 坡度规则波计算结果如图 3.14 所示，不规则波计算结果如图 3.15 所示；1∶40 坡度规则波计算结果如图 3.16 所示，不规则波计算结果如图 3.17 所示。为方便比较不同流底摩擦系数 f_c 对平均沿岸流速度剖面的影响，图中也给出了由式（3.17）计算得到的平均沿岸流速度分布，计算参数详见表 3.3。同时为方便比较 Battjes 模型与 Roelvink 模型对计算波高与波浪增减水的影响，对于规则波波况给出了 Battjes 模型波高与波浪增减水的计算结果；对于不规则波波况也给出了 Roelvink 模型波高与波浪增减水的计算结果。

表 3.3　采用式（3.17）计算沿岸流速度时数学模型中计算参数取值

坡度	类型	破波指标 γ	底摩擦系数 C_f	侧混系数 N	水滚前倾角 β	比例系数 K_d	稳定因子 Γ
1∶100	规则波	0.61	0.007	0.002	0.05	2.0	0.40
	不规则波	0.50	0.005	0.002	0.05	2.0	0.40

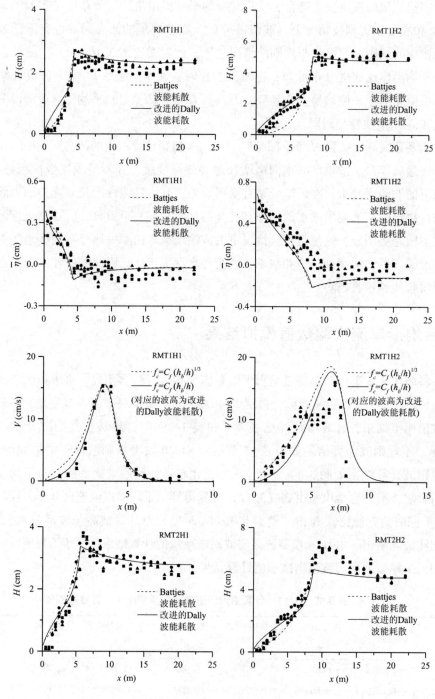

图 3.14（a）　规则波平均沿岸流（一）（坡度 1：100）

点：实验结果；线：数值模拟

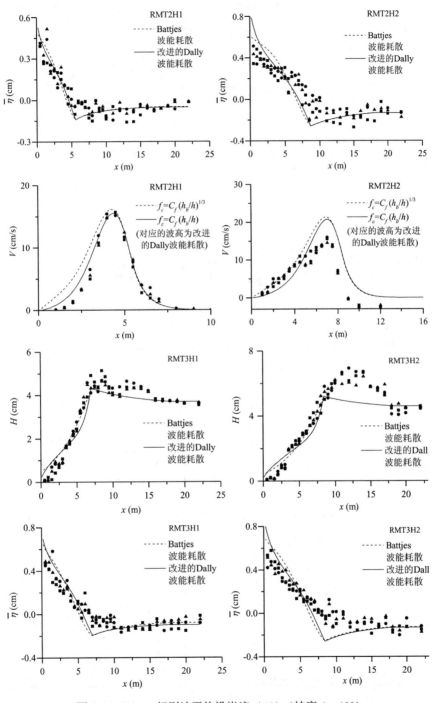

图 3.14（b）　规则波平均沿岸流（二）（坡度 1∶100）

点：实验结果；线：数值模拟

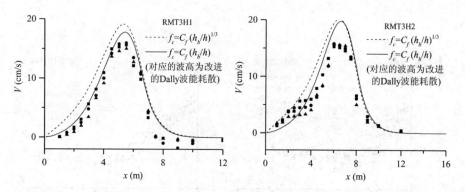

图 3.14（c）　规则波平均沿岸流（三）（坡度 1∶100）

点：实验结果；线：数值模拟

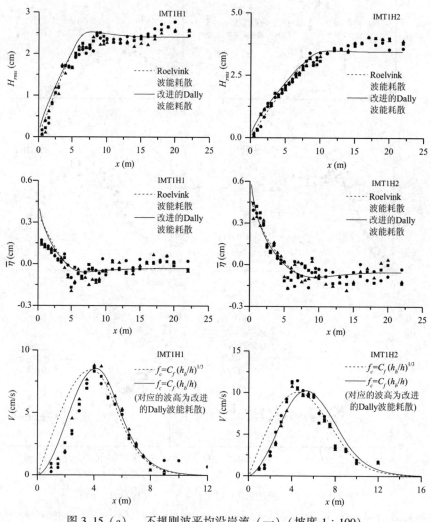

图 3.15（a）　不规则波平均沿岸流（一）（坡度 1∶100）

点：实验结果；线：数值模拟

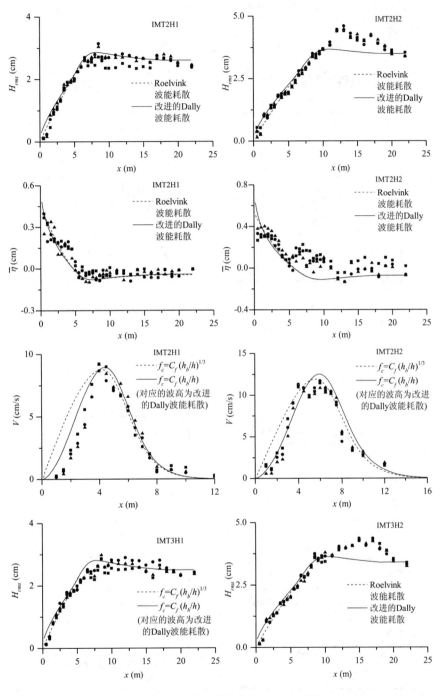

图 3.15 （b） 不规则波平均沿岸流 （二） （坡度 1∶100）

点：实验结果；线：数值模拟

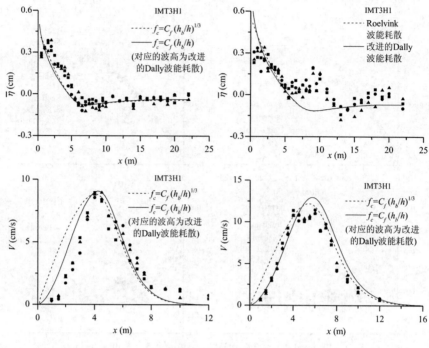

图 3.15（c） 不规则波平均沿岸流（三）（坡度 1：100）

点：实验结果；线：数值模拟

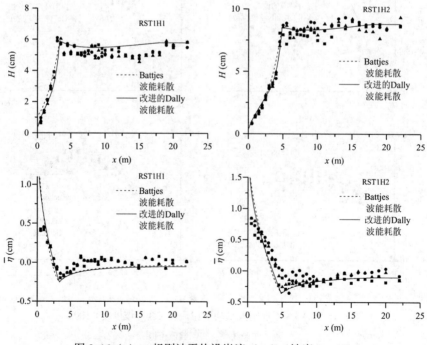

图 3.16（a） 规则波平均沿岸流（一）（坡度 1：40）

点：实验结果；线：数值模拟

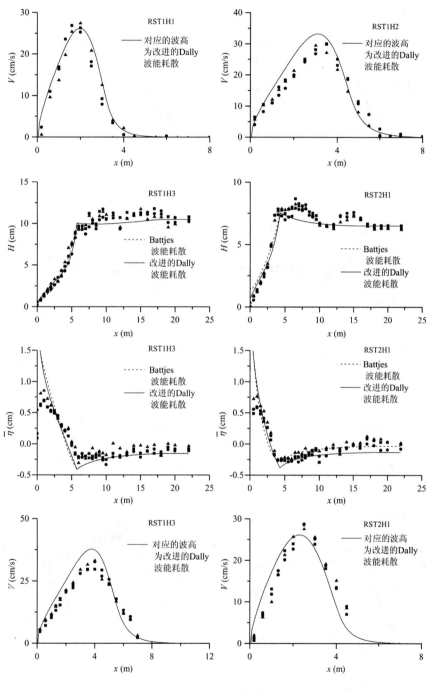

图 3.16 (b)   规则波平均沿岸流 (二) (坡度 1 : 40)

点：实验结果；线：数值模拟

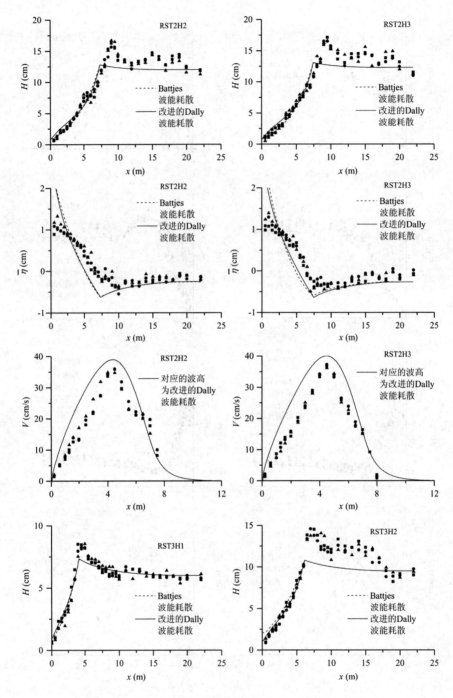

图 3.16（c） 规则波平均沿岸流（三）（坡度 1∶40）

点：实验结果；线：数值模拟

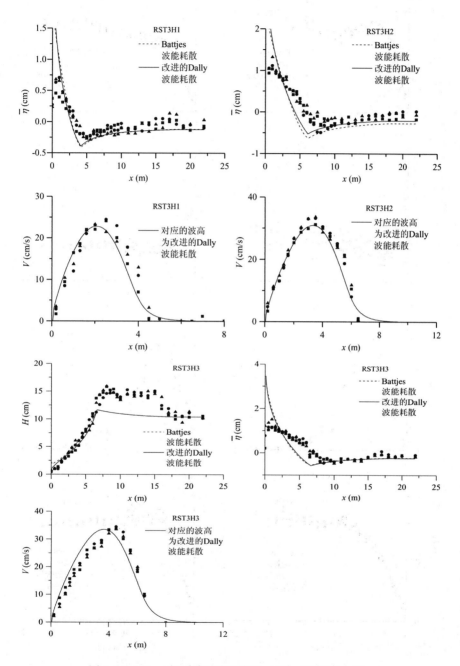

图 3.16（d） 规则波平均沿岸流（四）（坡度 1∶40）

点：实验结果；线：数值模拟

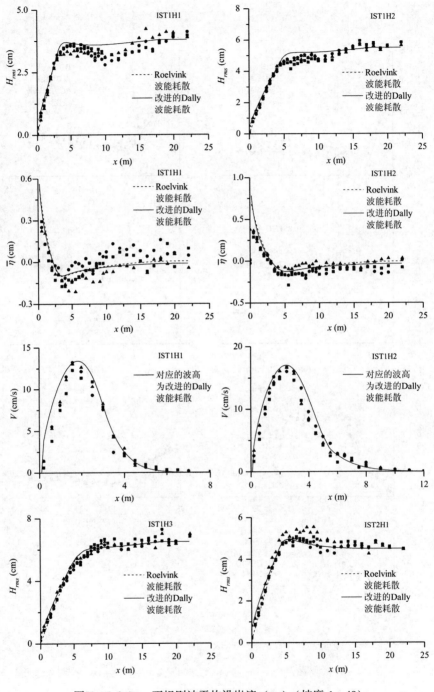

图 3.17（a）　不规则波平均沿岸流（一）（坡度 1:40）

点：实验结果；线：数值模拟

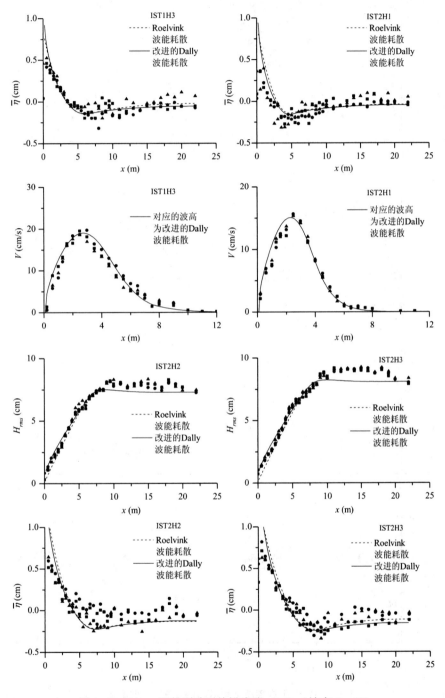

图 3.17（b）　不规则波平均沿岸流（二）（坡度 1：40）

点：实验结果；线：数值模拟

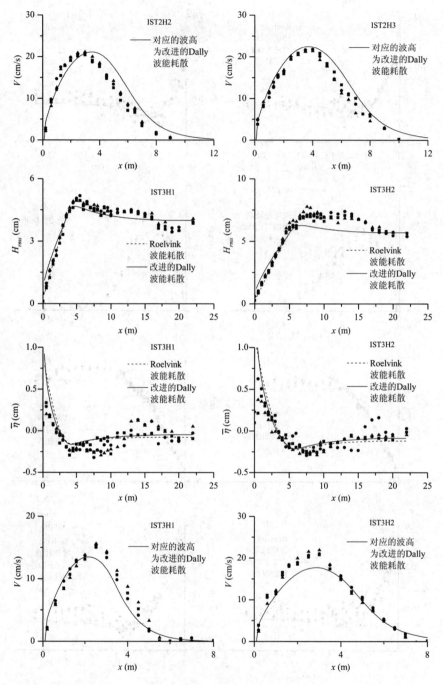

图 3.17（c） 不规则波平均沿岸流（三）（坡度 1：40）

点：实验结果；线：数值模拟

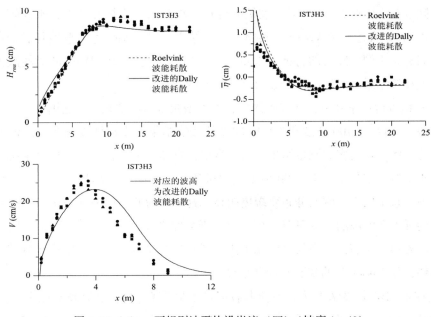

图 3.17（d）　　不规则波平均沿岸流（四）（坡度 1∶40）

点：实验结果；线：数值模拟

　　由图 3.14 至图 3.17 数值计算结果和实验结果对比可知，1∶100 坡度在小波高情况下，数值结果与实验测量结果吻合较好（如 RMT1H1 和 IMT1H1），在大波高情况下，与实验测量结果存在较大误差（RMT2H2 和 IMT2H2）；在 1∶40 坡度小波高、小周期情况下，数值结果与实验测量结果吻合较好（如 RST1H1 和 IST1H1），在大波高、大周期情况下，与实验测量结果存在较大误差（RST3H3 和 IST3H3）。本节模拟采用的是表 3.1 至表 3.3 中给定的统一模型参数，该统一模型参数的选取会使得数值计算结果中部分波况与实验结果存在一定的误差。以 IST3H3 为例，计算所得的平均沿岸流偏离实验测量结果，其最大值向离岸一侧偏离，由 3.2 节模型参数的影响可知，此时，若减小水滚前倾角 β，则会使计算结果与实验测量结果较为吻合。此外，实验中平均沿岸流速度剖面会出现两个峰值的情况（如 RMT1H2），这可能是受沿岸流不稳定运动的影响，本节没能较好地模拟出来。

　　进一步比较 1∶100 坡度和 1∶40 坡度相应情况下的实验和计算结果，可得缓坡情况下的波高、波浪增减水和平均沿岸流速度分布特征如下。

　　（1）由第 2 章实验结果分析可知，在缓坡地形条件下，波浪破碎后，波高呈下凹形式分布，并不呈线性递减趋势，这表明波浪破碎后，波高不与水深成正比，即波高处于非饱和状态，破碎不完全。在破碎过程中，波高不完全由地形控制，它还有自己的演化，波浪发生二次破碎，波高并不是保持一直减小，而是减小到一定程度之后保持不变再减小。比较 1∶100 坡度和 1∶40 坡度结果发现，坡度越缓，波浪破碎后，波高下凹的趋势越明显。

当陡度更陡（1∶10 或 1∶20）时，波浪破碎后，波高会处于饱和状态，破碎较完全，破碎后波高可用 γh 表达，如 Visser[20] 实验和计算结果。以上反映了波浪破碎后，在缓坡情况下，波高分布不同于陡坡的特征。本章结果采用的是改进后的 Dally 波能耗散模型计算得到，数值模拟结果较好地给出了波浪二次破碎的特征。

（2）在缓坡地形条件下，波浪破碎后，波浪增减水向岸增长趋势逐渐变缓，并不呈线性增长趋势。比较 1∶100 坡度和 1∶40 坡度的数值结果发现，坡度越缓，波浪增减水向岸增长趋势越缓，这与实验测量结果一致。数值计算结果中，在 1∶40 坡度情况下的波浪增减水基本呈线性增长，而 1∶100 坡度波浪破碎后，波高下凹趋势明显，这使得相应情况下的波浪增减水向岸一侧的分布变缓更明显，这是因为波浪增减水是由波高决定的，波浪增减水的梯度和波高的梯度只差一个系数。当坡度更陡（1∶10 或 1∶20）时，波浪破碎后，波高处饱和状态，波高与水深成正比，则此时的波浪增减水向岸一侧分布也将呈线性增长趋势，如 Visser[20] 的实验和计算结果。

（3）在 1∶100 坡度情况下，波流共存时的底摩擦系数 f_{cw} 取流底摩擦系数 f_c，而在 1∶40 坡度情况下，波流共存时的底摩擦系数 f_{cw} 取波浪底摩擦系数 f_w，能够较好地模拟出实验中相应平均沿岸流速度剖面海岸一侧下凹或上凸的剖面特征。波浪破碎后，下凹趋势的波高也会使平均沿岸流速度剖面海岸一侧下凹的趋势更明显。侧混和水滚则不影响平均沿岸流海岸一侧下凹或上凸趋势。采用加权插值的形式给出了缓坡地形下一般的底摩擦系数表达式 f_{cw}，从而能够应用于一般缓坡。当坡度在更陡（1∶10 或 1∶20）的情况下，平均沿岸流海岸一侧仍呈上凸趋势，这与 Visser[20] 的实验和计算结果一致。这体现了缓坡情况下平均沿岸流速度分布不同于陡坡情况的特征。进一步分析得到了 1∶100 坡度和 1∶40 坡度之间对应平均沿岸流海岸一侧剖面接近直线分布的临界坡度（平均沿岸流海岸一侧剖面既不凹又不凸，依赖于波况）。RST1H1 的临界坡度为 1∶45；IST1H1 的临界坡度为 1∶47（临界坡度一般依赖于波况，不同的波况可能对应的临界坡度不同）。当坡度小于临界坡度时，海岸一侧平均沿岸流分布呈下凹趋势，当坡度大于临界坡度时，海岸一侧平均沿岸流分布呈上凸的趋势。

3.4 小结

本章利用时均沿岸流模型，从由其简化得到的平均沿岸流的解析解出发，指出底摩擦系数的形式对平均沿岸流剖面分布有重要影响；通过数值计算的方法考虑时均沿岸流模型中的侧混、水滚、底摩擦和波高对平均沿岸流速度剖面的影响，指出在缓坡情况下波高、波浪增减水和平均沿岸流速度的剖面特征，主要结论如下。

（1）在 1∶100 坡度情况下，平均沿岸流速度剖面海岸一侧呈下凹趋势，而在 1∶40 坡度情况下则呈上凸趋势；当在坡度更陡（1∶10 或 1∶20）的情况下，平均沿岸流海岸一侧仍呈上凸趋势，这体现了缓坡情况下平均沿岸流速度分布不同于陡坡情况的特征。数值模拟中，通过对波流共存时底摩擦系数 f_{cw} 在 1∶100 坡度情况下取流底摩擦系数 $f_c = C_f$ (h_b/h)，在 1∶40 坡度情况下取波浪底摩擦系数 f_w，得到 1∶100 坡度和 1∶40 坡度不同的速度剖面特征。

（2）在缓坡情况下，波浪发生了二次破碎，波高并不是保持一直减小，而是减小到一定程度之后保持不变再减小。为了描述二次破碎引起的波高变化趋势，研究中采用了 Dally 波能耗散并进行了三点改进，以更好地模拟实验结果。改进如下：①将 Dally 等[96]提出的能量耗散率 ε_b 中 $E_s c_g$ 对应的波群传播速度 c_g 取为破波带宽度一半时对应的波群传播速度 c_{gb}；②将当地的水深 h 变为当地的浅水波长 $\sqrt{gh}\,T$ 来表达；③对于不规则波，当其均方根波高 $H_{rms} > H_{rms}^R$ 时，能量耗散率 ε_b 按 Roelvink 模型计算，当其均方根波高 $H_{rms} < H_{rms}^R$ 时，能量耗散率 ε_b 按改进后的 Dally 波能耗散 ε_b 来计算。采用改进后的 Dally 波能耗散，能较好地模拟出实验中出现的二次破碎现象。比较 1∶100 坡度和 1∶40 坡度数值结果发现，坡度越缓，波浪破碎后，波高下凹的趋势越明显，这与实验测量结果一致。

（3）在缓坡情况下，波浪破碎后，波浪增减水向岸增长趋势逐渐变缓，并不呈线性增长趋势。坡度越缓，波浪增减水向岸增长趋势越缓。数值计算结果中，1∶40 坡度情况下的波浪增减水基本呈线性增长，而在 1∶100 坡度情况下，波高下凹段对应的波浪增减水变缓趋势明显。

4 沿岸流不稳定实验研究

第 2 章介绍了平均沿岸流实验，分析了缓坡沿岸流流速时间历程时间平均后的速度剖面分布特征。本章将分析这些速度剖面所对应的沿岸流线性不稳定特征，这些不稳定特征可以从实验测量中得到的时间历程中存在周期性波动看出，如图 4.1 所示，图中给出了实验测量得到的流速时间历程及去除短波过后的滤波线，由滤波线时间历程可知，除波况 RST1H1 存在较小的波动外，其他波况均存在长周期的波动。

这些周期性波动源自沿岸流的剪切不稳定，即沿岸流速度场中小的扰动可能使其发展为涡旋运动[8,42-45]。Oltman-Shay 等[8] 在 SUPERDUCK 实验中通过观察，首次发现了近岸破碎区存在周期 1 000 s、波长 100 m 沿岸传播的波浪，这些波浪的波动比观察到的对应频率的重力波波长要小。Reniers 等[34,54] 在实验室内进行了 1:20 坡度沙坝和平坡地形沿岸流不稳定运动的实验，通过频率波数谱来分析采集到的流速时间历程的频率与沿岸波数之间的关系，进而说明，在相同频率下与重力波相比，沿岸流不稳定运动的波长比重力波的短，传播速度比重力波的慢，以此来说明观测到的低频波动为沿岸流不稳定运动或剪切波，其分别针对的是现场和较陡坡情况下的沿岸流不稳定。本章沿岸流不稳定实验研究针对的是缓坡地形 1:100 坡度和 1:40 坡度，该实验是在原来已经进行的实验[36] 基础上进行的，在实验技术上和精度上进行了改进。新的实验采用了多个高精度的 ADV 流速仪，可以更好地测量沿岸流沿垂直岸线方向和沿岸方向的分布，并且对 CCD 图像技术也进行了新的改进，使其能够更清晰地反映全场的流动。针对沿岸流不稳定的实验结果，着重从沿岸流不稳定的谱特征和墨水运动反映的沿岸流不稳定特征两个方面分析了 1:100 坡度和 1:40 坡度下沿岸流不稳定运动的特征。

4.1 沿岸流不稳定实验方法

沿岸流不稳定的实验方法包含两个方面：一是用高精度的 ADV 流速仪来记录波生沿岸流的流速时间历程，通过对其进行最大熵谱估计分析得到沿岸流不稳定的波动频率；二是通过墨水示踪来直观地反映沿岸流不稳定的波动状况及其特征。ADV 流速仪的介绍和布置在第 2 章已详细论述，这里不再赘述。本节将详细介绍不稳定实验中墨水的投放和记录。

实验采用墨水作为示踪剂来观察流场特征。由图 4.2 可见，墨水能清晰地反映流场的波动特征。墨水采用连续源模拟排放，排放时墨水的浓度刚开始采用较高浓度 30%，后来

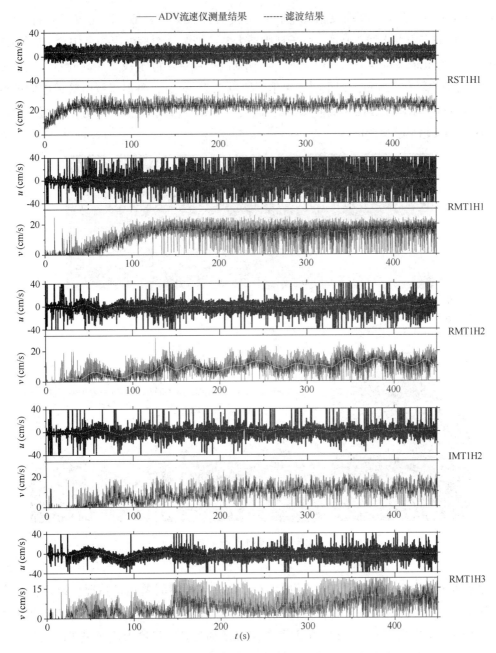

图 4.1 墨水运动特征各类型典型波况对应位置的流速时间历程

为节约墨水用量，采用墨水浓度为 20%，将此浓度的墨水注入图 4.3 所示的容器中，容器长和宽均为 25.2 cm，高 30 cm，其底部距地面高度 128 cm。用长 6.0 m、内径 8.0 mm 的细管将墨水分别输移到距静水线某一位置，该位置取决于不同坡度和不同波况，以使其位于破波带内较大沿岸流发生的区域：在 1∶100 坡度情况下，规则波和不规则波投放点均距静水线4.0 m；在1∶40坡度情况下，对于规则波小波高情况（对应波况命名中含 H1 的波况）投放点距静水线2.0 m，对于规则波大波高情况（对应波况命名中含 H2 和 H3 的波况）投放点距静水线4.0 m；相应的，不规则波投放点距静水线2.5 m 附近。它们左侧均距第一排浪高仪0.25 m，即距图4.4坐标原点7.25 m 处。墨水流量由管道中间的闸阀控制。流量取决于墨水表面距离静水面的高度，可以通过管道流的计算方法求得细管出口流量 Q 在 $38 \sim 43\ \mathrm{cm^3/s}$ 之间。

图4.2　墨水示踪剂示踪效果

图4.3　墨水投放装置

　　墨水投放的同时，采用 CCD 记录墨水在破波带内随时间的运动情况，以便更加直观地观测沿岸流不稳定运动的特征。CCD 能把光线转变成电荷，然后通过模数转换器芯片将电信号转换成数字信号，后者传输到计算机后经压缩处理，最终形成所采集的图像[99,100]。实验中通过该图像来识别墨水的输移和演化过程。

　　为了能更清晰地反映实验全场的流动，本实验采用三个 CCD 同时监控流场，具体见图4.4。其中 CCD-1 和 CCD-2 为同一型号装置，均采用高质量的日本腾龙镜头，能够拍出1 280×1 024 像素的彩色照片。其优点是拍出的照片精度高、变形小，缺点是其覆盖范围较小，单个 CCD 不能拍出全场，一般需将两个 CCD 拍出的照片合成才能显示沿岸流实验的全局流场。CCD-3 的分辨率较低，只能拍出768×576 像素的黑白图像，其优点是单个 CCD 就能覆盖全场范围，缺点是其精度比 CCD-1 和 CCD-2 稍差，拍出的照片由于广角较大，照片边缘变形较大。图4.5给出了CCD-1采集到的一帧图片，从图像边缘圆圈所在直线变弯曲可以明显地看出镜头畸变的影响，该畸变图像可通过线性变换的方法[101]进行校正。三个CCD相结合，可以优势互补，能很好地记录墨水示踪流场随时间变化的过程（CCD-1和CCD-2拍摄的为彩色墨水照片，可用来更清晰地观察墨水运动的局部特征，本书最终所给的墨水图片为CCD-3拍摄所得，因为它直接反映了墨水在整个流场的运动状况）。实验中三个CCD采集频率均设为1帧/秒。图4.4给出了CCD系统布置图，三个CCD距静水面高度均为11.6 m，CCD-1和CCD-2覆盖范围均为8 m×5 m，二者连线沿平行岸线布置，故从侧视图上看，二者完全重合，但二者角度稍有不同，图4.4分别用实线和虚线表示其拍摄角度略有差别；CCD-3为全场镜头，能拍出整个斜坡上的沿岸流。CCD-1、CCD-2和CCD-3各自覆盖区域见图4.4。

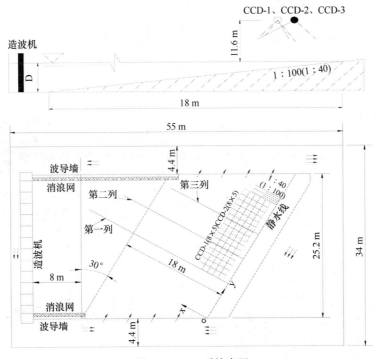

图4.4　CCD系统布置

实验中对环境的亮度和对比度有较严格的要求，通常采用柔和的自然光。当晴天光线过强或阴天光线过暗时，可采用室内的散射光源照明，这样可以获得对比度相对较好的墨水运动的实验图像。为了取得清晰的对比度，地形采用白色水泥制作，形成白色背景，并在地形上绘制了1 m×1 m的黑色网格，以形成较强的对比效果。图4.6分别是CCD-1、CCD-2、CCD-3的效果图和照片效果图，它们可以很好地记录墨水运动过程。由CCD墨水图像可以得到墨水的浓度等值线、中心线和轮廓线，图4.7给出了图4.6中CCD-3的处理结果示例，详细图片处理方法见附录B。由图4.7墨水浓度等值线和中心线的处理效

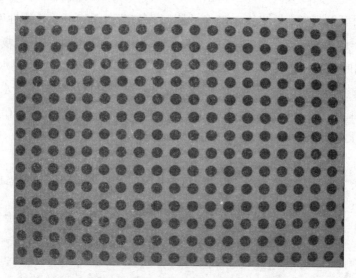

图 4.5　从矩形网格图中得到的扭曲后的图像

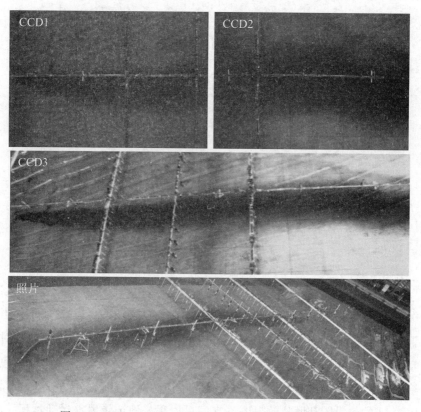

图 4.6　CCD-1、CCD-2 和 CCD-3 的效果图及照片效果图

果可知，基于墨水 CCD 图片，能够得到墨水浓度的浓度等值线、中心线和轮廓线，但细节部分会有损失，如图 4.6 中墨水出口处扩散范围较窄，而得到的浓度等值线稍微偏宽，其原因主要是墨水图片的处理精度受 CCD 成像时的光线以及波浪和测量仪器干扰的影响。

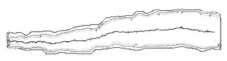

图 4.7　CCD-3 局部墨水图（左图）及其等值线图（右图）

4.2　沿岸流不稳定谱特征

4.1 节提到沿岸流不稳定的实验方法包含用 ADV 流速仪来记录波生沿岸流的流速时间历程，该流速时间历程显示了沿岸流中存在不稳定运动现象。本节通过对 ADV 流速仪测量得到的流速时间历程进行最大熵谱估计分析得出沿岸流不稳定的波动频率。最大熵谱估计适用于处理短记录及瞬态数据，具有分辨率高的优点[102,103]。这里运用该方法对实验中各波况做谱分析，根据谱分析结果对实验各波况进行分类讨论，并给出对应分类产生原因的初步解释，详细的解释将在第 5 章和第 6 章进一步给出。

这里取沿岸流速时间历程的稳定段进行谱分析：对于规则波，取 250 s 后的沿岸流流速历程进行分析；对于不规则波，取 100 s 后的沿岸流流速历程进行分析。当稳定的沿岸流出现后，沿岸流流速历程出现了较明显的周期性波动，垂直岸线方向流速时间历程的波动与沿岸方向的波动相似。图 4.8 和图 4.9 分别给出了 1∶100 坡度情况下规则波和不规则波各波况三组实验沿岸流最大值位置及其前后相隔 1 m 和 2 m 的位置（RMT1H1、RMT2H1 和 RMT3H1 取的是沿岸流最大值位置及其前后相隔 0.5 m 和 1 m 的位置）处流速时间历程的谱分析结果；图 4.10 和图 4.11 分别给出了 1∶40 坡度情况下规则波和不规则波各波况三组实验沿岸流最大值位置及其前后相隔 1 m 和 2 m 的位置（RST1H1、RST2H1、RST3H1、IST1H1、IST2H1 和 IST3H1 取的是沿岸流最大值位置及其前后相隔 0.5 m 和 1 m 的位置）处流速时间历程的谱分析结果。为了方便与第 5 章线性不稳定计算得到的波动频率相比，图 4.8 至图 4.11 均用粗竖虚线给出了相应波况的线性不稳定计算得到的波动频率（1∶100 坡度情况下包含两个占优的波动频率，1∶40 坡度情况下只包含一个占优的波动频率，详见 5.2 节分析）。这样可以通过与图中谱峰频率对比知道这些频率与理论频率的接近程度。

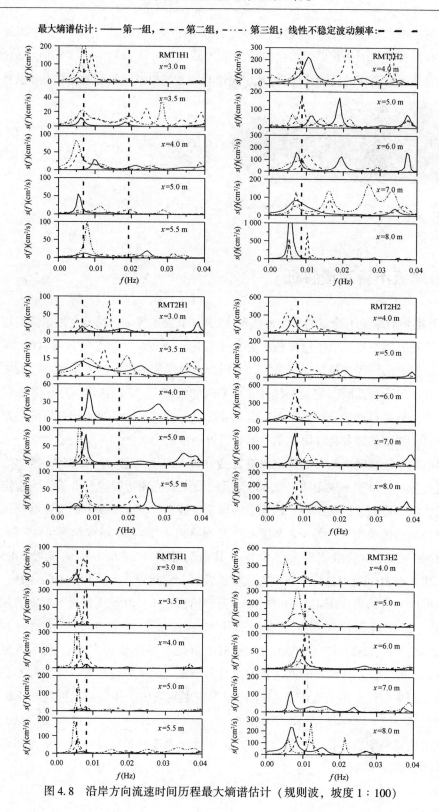

最大熵谱估计: ——第一组, - - - 第二组, -·-·- 第三组; 线性不稳定波动频率: ■ ■ ■

图 4.8 沿岸方向流速时间历程最大熵谱估计（规则波，坡度 1∶100）

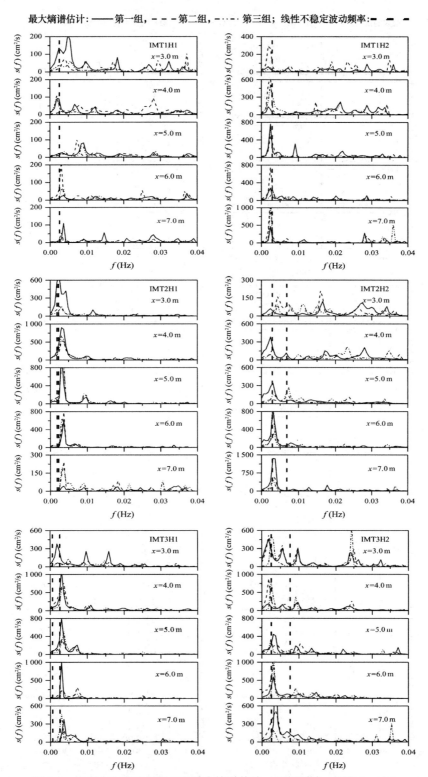

图 4.9　沿岸方向流速时间历程最大熵谱估计（不规则波，坡度 1∶100）

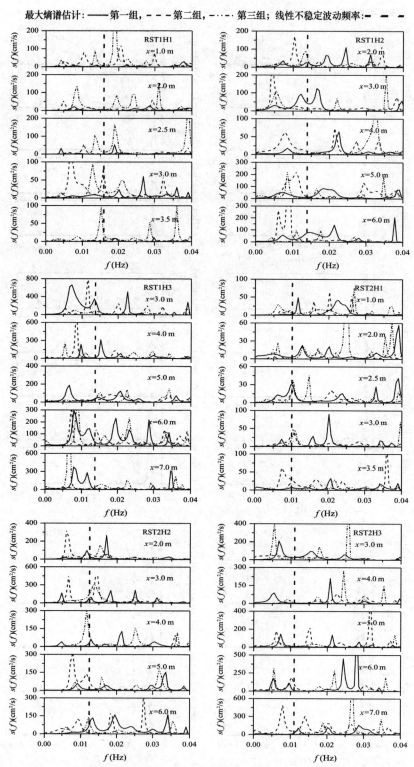

图 4.10（a）　沿岸方向流速时间历程最大熵谱估计（一）（规则波，坡度 1：40）

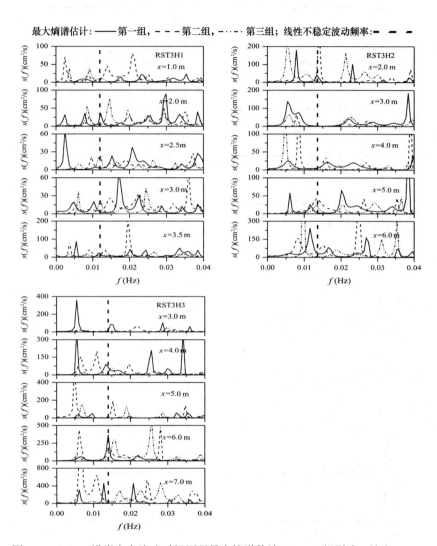

图 4.10（b）　沿岸方向流速时间历程最大熵谱估计（二）（规则波，坡度 1：40）

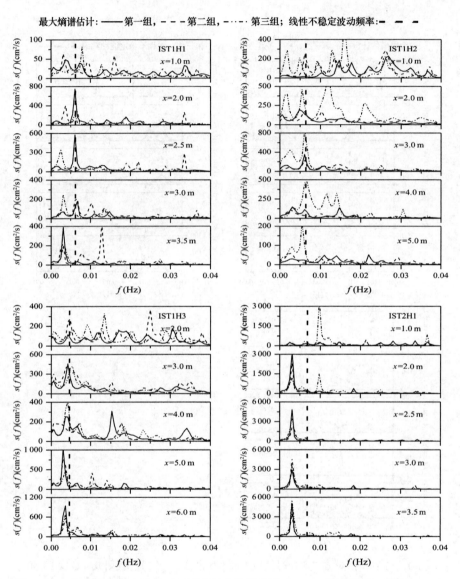

图 4.11（a） 沿岸方向流速时间历程最大熵谱估计（一）（不规则波，坡度 1∶40）

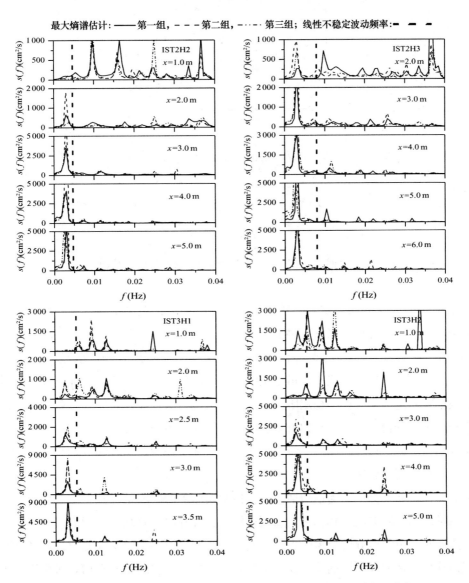

图 4.11（b） 沿岸方向流速时间历程最大熵谱估计（二）（不规则波，坡度 1∶40）

最大熵谱估计：——第一组，– – –第二组，·–·–·第三组；线性不稳定波动频率：■ – – ■

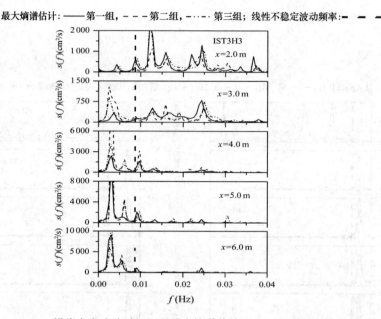

图 4.11（c）　沿岸方向流速时间历程最大熵谱估计（三）（不规则波，坡度 1∶40）

图 4.8 至图 4.11 表明，实验中各波况谱分析结果中存在多个峰，这些峰产生的原因比较复杂，其原因主要包含以下几种类型。

第Ⅰ类，由线性不稳定引起。沿岸流不稳定发展包括初始阶段和充分发展阶段，初始阶段一般处于线性不稳定的状态，可以按线性不稳定理论进行分析，但充分发展阶段，非线性作用增强，进入非线性不稳定阶段。从过程来讲，剪切波在初始发展阶段可以用线性不稳定理论进行分析，所以，它的波动应该表现为线性不稳定计算得到的频率，这一波动频率将在第 5 章进行计算，而进一步发展达到非线性不稳定，这时候波动频率可能偏离线性不稳定计算得到的频率。

第Ⅱ类，由非线性不稳定倍周期引起。倍周期产生的原因是当不稳定发展到一定阶段之后，会发生涡之间的配对和合并，当相邻涡发生合并后会导致涡的间隔增大 1 倍，这一现象在速度时间历程谱分析结果中表现为峰值频率接近线性不稳定计算所得波动频率的一半，即谱分析得到的波动周期接近线性不稳定计算所得波动周期的 2 倍。对倍周期不稳定详细的数值模拟将在第 6 章给出，这里把这种情况定为第Ⅱ类。

第Ⅲ类，由平均沿岸流沿岸不均匀引起。线性不稳定考虑的都是均匀的沿岸流，但通过第 2 章图 2.11 平均沿岸流的沿岸分布可知，实验上游段 1/3 沿岸长度的平均沿岸流沿岸速度呈线性增长趋势（线性增长至沿岸中间段较均匀的沿岸速度），这个不均匀段（线性增长段）也会对不稳定波动频率有贡献。这里把这种情况定为第Ⅲ类。这段不均匀的沿岸流产生的波动频率比实验中间段较均匀的沿岸流线性不稳定计算得到的波动频率低，有关分析将在第 5 章述及。

第Ⅳ类，由其他涡运动等的影响引起。上述第Ⅰ类至第Ⅲ类流动，仅考虑了剪切流线性和非线性不稳定引起的涡以及速度剖面沿岸不均匀引起的涡，但实验中还可能包括其他形式的涡扰动，如波浪破碎引起的涡，这些涡运动也会影响沿岸流不稳定的波动频率。波浪破碎过程会对沿岸流不稳定运动的波动频率有贡献，本书的线性和非线性理论还不能将这一过程分析透彻，这里只是作为一个推测。

以上四类都是沿岸流不稳定运动状态，但实验中还发现了沿岸流还存在稳定状态，这里把它归为第Ⅴ类，这一类表现为相应的谱能量值很小（小于 100 cm²/s），实验测量得到的流速时间历程去除短波过后的滤波线摆动很小，几乎成直线。

表 4.1~表 4.4 分别给出了第Ⅰ类、第Ⅱ类、第Ⅲ类、第Ⅳ类以及第Ⅴ类相应波况的实验流速历程谱分析结果对应的三个不稳定波动周期。第Ⅰ类波况对应的不稳定波动周期是根据图 4.8 至图 4.11 三条曲线中沿岸流最大值位置出现峰值较大的曲线来确定的，选取该条曲线中三个较大频率（接近其中一条竖虚线，该竖虚线对应波动频率由第 5 章沿岸流线性不稳定计算得到）。第Ⅱ类波况对应的不稳定波动周期也是根据图 4.8 至图 4.11 三条曲线中沿岸流最大值位置出现峰值较大的曲线来确定的，选取该条曲线中三个较大频率（接近其中一条竖虚线所对应频率的一半，该竖虚线对应波动频率由第 5 章沿岸流线性不稳定计算得到）。第Ⅲ类和第Ⅳ类波况对应的不稳定波动周期也是根据图 4.8 至图 4.11 三条曲线中沿岸流最大值位置出现峰值较大的曲线来确定的，选取该条曲线中三个较大频率。第Ⅴ类波况对应的不稳定波动周期也是根据图 4.8 至图 4.11 三条曲线中沿岸流最大值位置出现峰值较大的曲线来确定的，选取该条曲线中三个较大频率。

表 4.1　第Ⅰ类波动类型对应的波动周期　　　　　　　　　　　单位：s

波 况	RMT1H1	RMT1H2	RMT2H1	RMT2H2	RMT3H1	RMT3H2	IMT1H1	IMT1H2
波动周期 1	196.1	138.9	196.1	208.3	208.3	208.3	555.6	476.2
波动周期 2	142.9	51.5	144.9	135.1	163.9	122.0	416.7	384.6
波动周期 3	125.0	26.8	117.6	116.3	128.2	105.3	270.3	344.8

波 况	IMT2H1	IMT2H2	IMT3H1	IMT3H2	IST1H1	IST1H2	IST1H3
波动周期 1	500.0	416.7	555.6	555.6	270.3	196.1	277.8
波动周期 2	312.5	344.8	357.1	357.1	166.7	178.6	232.6
波动周期 3	277.8	312.5	312.5	312.5	131.6	163.9	212.8

表 4.2　第Ⅱ类波动类型对应的波动周期　　　　　　　　　　　单位：s

波 况	IST2H1	IST2H2	IST2H3	IST3H1	IST3H2	IST3H3
波动周期 1	384.6	384.6	370.4	416.7	384.6	416.7
波动周期 2	344.8	344.8	357.1	344.8	344.8	357.1
波动周期 3	333.3	333.3	344.8	333.3	333.3	344.8

表 4.3　第Ⅲ、Ⅳ类波动类型对应的波动周期　　　　　　　　单位：s

波　况	RST1H2	RST1H3	RST2H2	RST2H3	RST3H2	RST3H3
波动周期1	128.2	156.3	87.0	166.6	212.8	208.3
波动周期2	46.5	68.5	40.2	66.7	119.0	66.7
波动周期3	31.3	48.2	27.8	31.3	25.6	28.6

表 4.4　第Ⅴ类波动类型对应的波动周期　　　　　　　　单位：s

波　况	RST1H1	RST2H1	RST3H1
波动周期1	74.1	166.7	384.6
波动周期2	52.9	100.0	66.7
波动周期3	25.6	30.3	50.0

　　第Ⅰ类波动类型的确定是根据谱分析结果在由第 5 章线性不稳定给出的波动频率附近出现较大的峰值，并且这些峰值是比较突出的，其他峰值相对比较小。按这种方式所确定的波况见表 4.1。这些波况的选择标准为：沿岸流最大值附近 3 个点谱峰对应的波动周期与线性不稳定计算得到的波动周期的相对误差不超过 30%、沿岸流最大值附近 5 个点谱峰对应的波动周期与线性不稳定计算得到的波动周期的误差不超过 50%。

　　第Ⅱ类波动类型的确定是根据谱分析得到的主要的波动周期接近第 5 章线性不稳定给出的波动周期的 2 倍，按这种方式所确定的波况在表 4.2 中列出。这些波况的选择标准为：沿岸流最大值附近三个点谱峰对应的波动周期与 2 倍线性不稳定计算得到的波动周期的误差不超过 40%、沿岸流最大值附近 5 个点谱峰对应的波动周期与 2 倍线性不稳定计算得到的波动周期的误差不超过 50%。

　　第Ⅲ类波动类型的确定是根据谱分析结果中对应的多个波动频率，并且很难找到占优的频率，同时，相应波况沿岸流上游段 1/3 沿岸长度沿岸速度呈线性增长趋势。产生多个峰频主要是由于受实验室长度尺度的限制，实验地形初始段 1/3 沿岸长度产生的沿岸流沿岸不均匀（线性增长）造成的。为了分析这一类平均沿岸流沿岸不均匀对沿岸流不稳定波动周期的影响，第 5 章中将通过取 RST1H3 沿岸方向开始段的三个不同位置（$y=4.5$ m、$y=6.5$ m 和 $y=8.5$ m）和实验所测平均沿岸流剖面所在位置 $y=14.5$ m 处的平均沿岸流速度剖面（$y=4.5$ m、$y=6.5$ m 和 $y=8.5$ m 处只有一个测点，如图 2.11 所示，假定该位置的平均沿岸流与实验测量得到的平均沿岸流成正比）进行线性不稳定分析来说明。其结果表明，实验中产生的沿岸流上游位置 1/3 沿岸长度沿岸不均匀（线性增长）将分别产生不同的不稳定波动周期（具体可见表 5.4），这从一个方面解释了实验中沿岸流会出现多个波动周期的原因。按这种方式所确定的波况在表 4.3 中列出。观察谱分析结果发现，这类波况在线性不稳定计算得到波动频率更低频的部分仍出现了多个峰频。

第Ⅳ类波动类型的确定同样是根据谱分析结果中对应多个波动频率，并且很难找到占优的频率，但这类波况谱分析结果中出现多个波动频率的原因与第Ⅲ类不同，产生多个峰频主要是由于受波浪破碎或扰动引起的其他涡运动的影响。按这种方式所确定的波况在表4.3中列出。波浪破碎会引起水平涡运动，水平涡也会转化成垂向涡（如图4.12所示）。为了考虑波浪破碎引起的涡运动对沿岸流不稳定运动波动频率的影响，这里通过增加潜堤来增加波浪破碎，如上面所述，波浪破碎会引起水平涡运动，而水平涡运动又会进一步转化为垂向涡运动。本书沿岸流不稳定实验研究的对象为垂向涡运动，因此，可通过增加潜堤观察其对沿岸流不稳定波动频率的影响来说明波浪破碎引起的涡运动对沿岸流不稳定波动频率的影响。潜堤的结构尺寸和轮廓如图4.13所示。

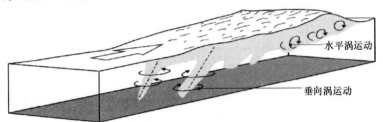

图4.12　波浪破碎引起的垂向涡转化为水平涡

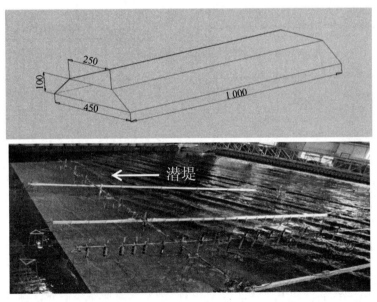

图4.13　单个潜堤立体图（上图，单位：mm）及现场布置照片（下图）

图4.14给出了1：40坡度情况下RST1H1和RST1H3五组实验对应的沿岸方向流速时间历程在加潜堤与不加潜堤两种情况下的最大熵谱结果，其中三组为不加潜堤的结果，两组为加潜堤的结果（图4.14中用粗实线和粗虚线表示）。结果表明，加潜堤会使一些频率

的波动明显加强（如 RST1H1 在频率 $f = 0.019$ Hz 处，谱峰能量由不加潜堤时的 47 cm^2/s 增加到加潜堤时的 167 cm^2/s；RST1H3 在频率 $f = 0.034$ Hz 处，谱峰能量由不加潜堤时的 63 cm^2/s 增加到加潜堤时的 161 cm^2/s），同时也会出现新的高频部分（如 RST1H1 加潜堤时在频率 $f = 0.015$ Hz 处和 $f = 0.029$ Hz 处出现了新的谱峰；RST1H3 加潜堤时在频率 $f = 0.008$ Hz 处和 $f = 0.024$ Hz 处出现了新的谱峰），这说明扰动会影响沿岸流不稳定的波动频率，实验中沿岸流不稳定所出现的多个频率一部分正是由周围扰动引起的涡运动所导致的。表 4.3 表明，此时实验谱分析结果中除了存在接近线性不稳定计算得到的波动周期外，还存在多个波动周期，且并不能找出占优的波动周期。

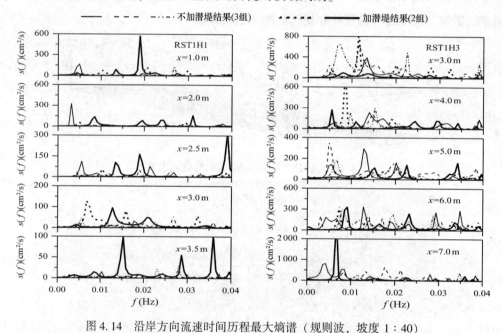

图 4.14　沿岸方向流速时间历程最大熵谱（规则波，坡度 1 : 40）

第 Ⅴ 类波动类型的确定是根据谱分析结果中沿岸流最大值附近相应的谱峰能量值很小（绝大部分谱峰能量值小于 100 cm^2/s）来确定的。

4.3　墨水运动反映的沿岸流不稳定特征

实验中通过在垂直岸和沿岸两个方向布置 ADV 流速仪来记录整个流场的变化过程，同时通过同步记录墨水随时间运动的图片来描述沿岸流不稳定运动，墨水投放和采集在 4.1 节已介绍，相应的流速仪布置在第 2 章已详细阐述，这里不再重述。本节将通过墨水运动来反映沿岸流不稳定的特征。这里首先通过墨水运动随时间演化的图片及相应时刻的速度矢量场来说明墨水运动与沿岸流状态存在较为一致的对应关系，以此说明可以通过墨水的运动形态来反映相应的沿岸流不稳定运动特性，然后通过不同的墨水运动状态对实验中各波况对应的沿岸流不稳定情况进行分类和讨论。

4.3.1 沿岸流不稳定描述方法

图 4.15 给出了垂直岸方向离岸距离 4 m 处投放墨水的示踪结果，墨水的波动可以直观地显示沿岸流流场的波动。为了说明墨水运动随时间的演化与相应时刻速度矢量场之间的对应关系，图 4.16 给出了 1∶100 坡度情况下规则波 RMT3H1 墨水在典型时刻的运动轨迹图和相应时刻的速度场图（该速度场图由沿岸方向 ADV 流速仪测量得到的流速时间历程相应时刻的平均沿岸流计算所得）。由图可见，墨水的运动能够反映当时流场的状况。墨水摆动的同时，相应时刻的流场也向同方向摆动，墨水摆动越大，相应流场的摆动也越明显。该图显示了不稳定波动由开始位置处向下波动到向上波动的完整过程。图 4.17 和图 4.18 分别给出了 1∶100 坡度情况下规则波和不规则波作用下墨水在典型时刻的运动轨迹图和相应时刻的速度场图。图 4.19 和图 4.20 分别给出了 1∶40 坡度情况下规则波和不规则波作用下墨水在典型时刻的运动轨迹图片和相应时刻的速度场图。

图 4.15　墨水示踪沿岸流场（规则波，$T=1$ s，$H=2.52$ cm）

通过观察速度场和相应时刻的墨水图像可以发现，墨水的运动能够反映当时流场的状况。墨水摆动的同时，相应时刻的流场也向同方向摆动，摆动越大，相应流场的摆动也越明显。此外，通过 1∶100 坡度和 1∶40 坡度下墨水运动的对比可以发现，在 1∶100 坡度情况下，规则波作用下产生的沿岸流存在明显的周期摆动，而在 1∶40 坡度情况下，规则波小波高作用下的摆动不明显，相应时刻的流场也表明了这一点，但 1∶40 坡度大波高作用下能出现 1∶100 坡度情况下周期波动的不稳定特征。相对于规则波而言，不规则波产生的墨水摆动有点紊乱，没有规则波的摆动整齐，其原因是不规则波不同波高发生破碎时破碎点的位置不一样，大波高发生破碎时，会打散原来墨水的摆动形状，使得不规则波作用下墨水扩散与相应规则波作用下的墨水扩散相比，表现得更加离散且墨水轮廓线更不光滑。

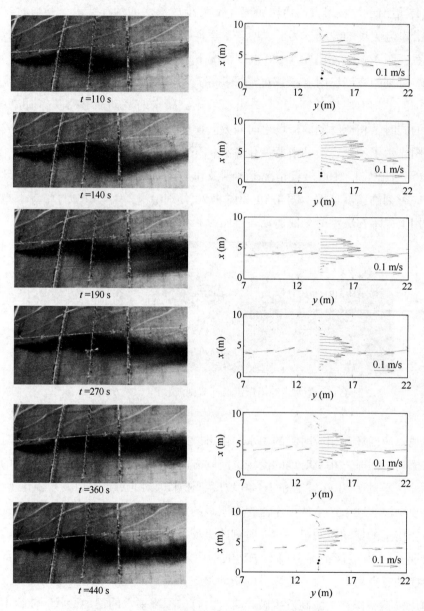

图 4.16   RMT3H1 的墨水运动及对应时刻速度场

左列：墨水运动图；右列：速度场

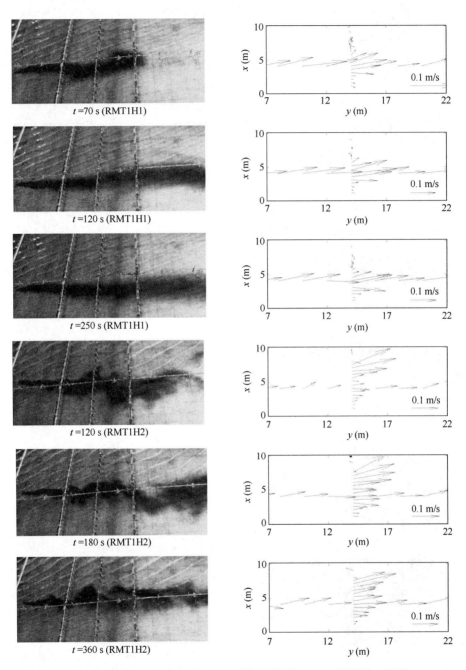

图 4.17（a）   不同波况的墨水运动及对应时刻速度场（一）（规则波，坡度 1∶100）

左列：墨水运动图；右列：速度场

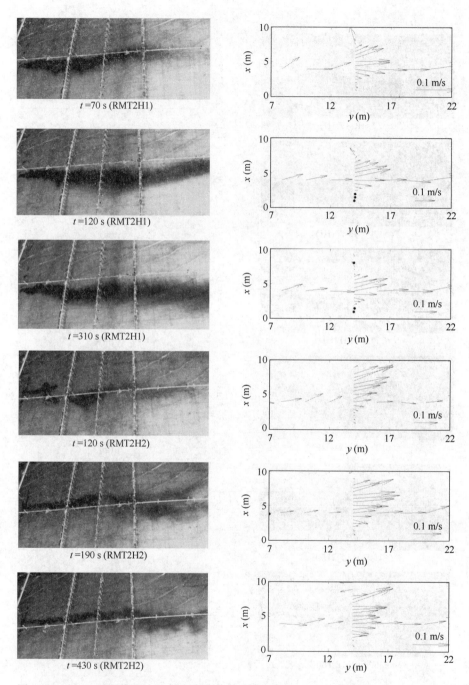

图 4.17（b）　不同波况的墨水运动及对应时刻速度场（二）（规则波，坡度 1∶100）

左列：墨水运动图；右列：速度场

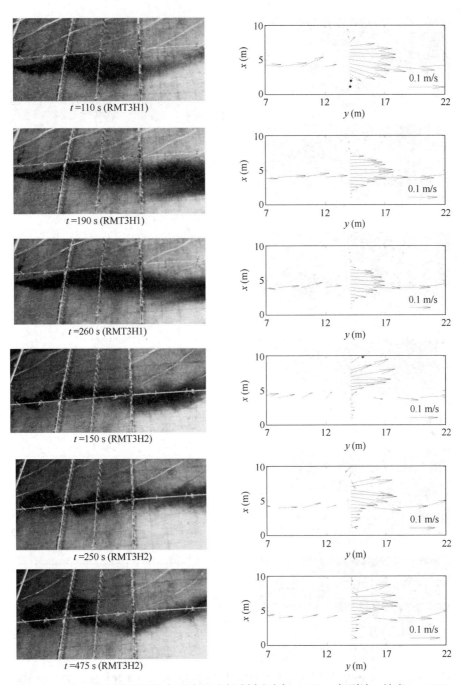

图 4.17 (c) 　不同波况的墨水运动及对应时刻速度场 (三) (规则波, 坡度 1∶100)

左列: 墨水运动图; 右列: 速度场

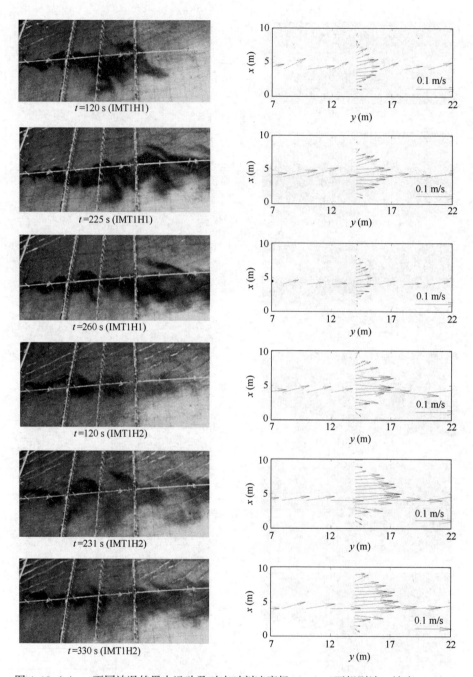

图 4.18（a） 不同波况的墨水运动及对应时刻速度场（一）（不规则波，坡度 1∶100）

左列：墨水运动图；右列：速度场

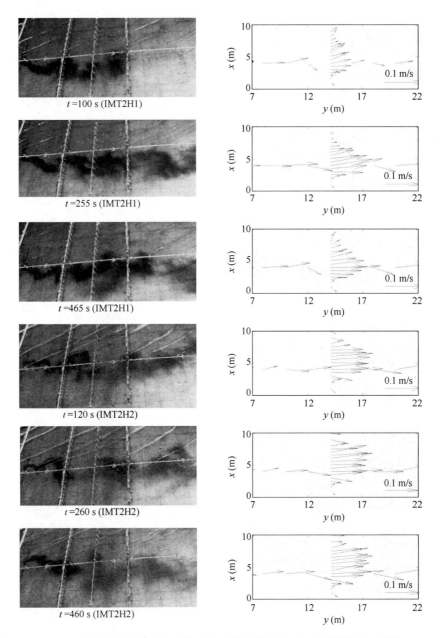

图 4.18（b）　不同波况的墨水运动及对应时刻速度场（二）（不规则波，坡度 1∶100）

左列：墨水运动图；右列：速度场

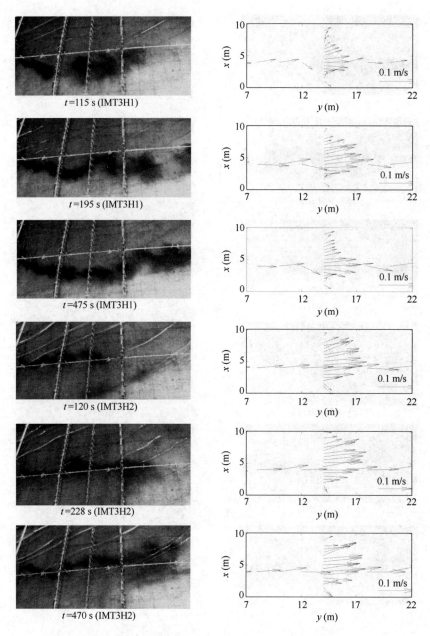

$t=115$ s (IMT3H1)

$t=195$ s (IMT3H1)

$t=475$ s (IMT3H1)

$t=120$ s (IMT3H2)

$t=228$ s (IMT3H2)

$t=470$ s (IMT3H2)

图 4.18（c）　不同波况的墨水运动及对应时刻速度场（三）（不规则波，坡度 1∶100）

左列：墨水运动图；右列：速度场

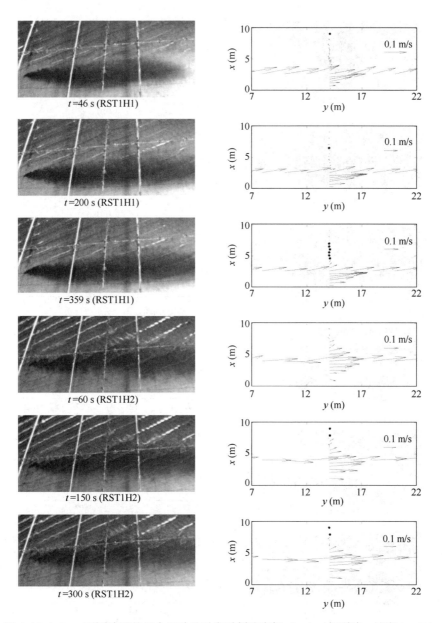

图 4.19（a）　不同波况的墨水运动及对应时刻速度场（一）（规则波，坡度 1∶40）

左列：墨水运动图；右列：速度场

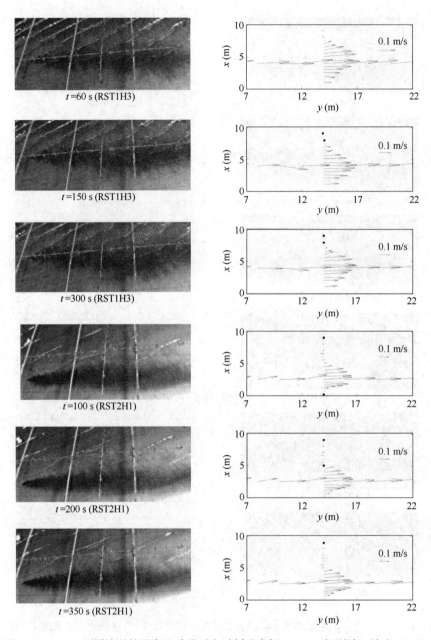

图 4.19（b）　不同波况的墨水运动及对应时刻速度场（二）（规则波，坡度 1：40）

左列：墨水运动图；右列：速度场

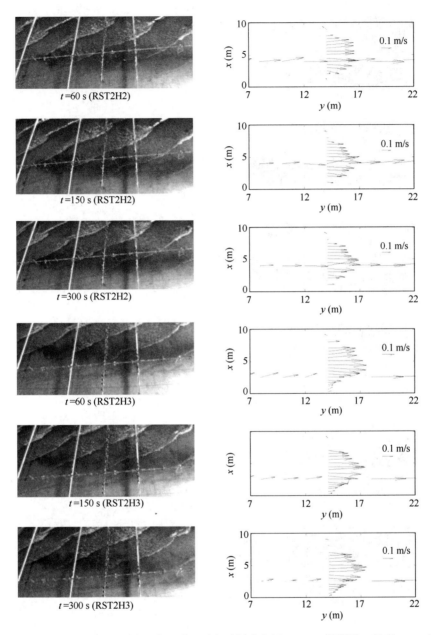

图 4.19（c）　不同波况的墨水运动及对应时刻速度场（三）（规则波，坡度 1∶40）

左列：墨水运动图；右列：速度场

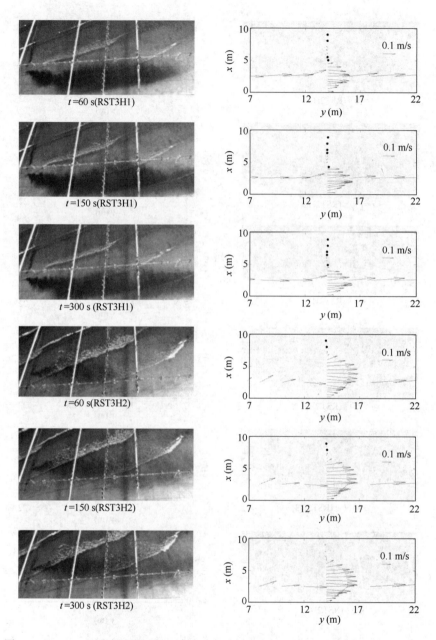

图 4.19（d）　不同波况的墨水运动及对应时刻速度场（四）（规则波，坡度 1∶40）

左列：墨水运动图；右列：速度场

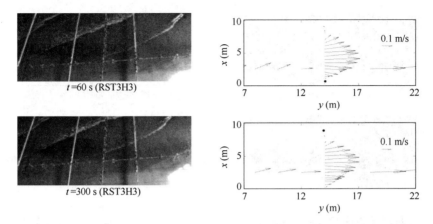

图 4.19（e）　不同波况的墨水运动及对应时刻速度场（五）（规则波，坡度 1∶40）

左列：墨水运动图；右列：速度场

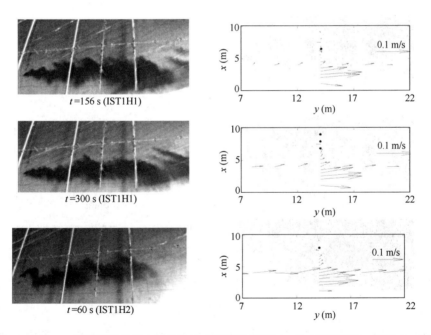

图 4.20（a）　不同波况的墨水运动及对应时刻速度场（一）（不规则波，坡度 1∶40）

左列：墨水运动图；右列：速度场

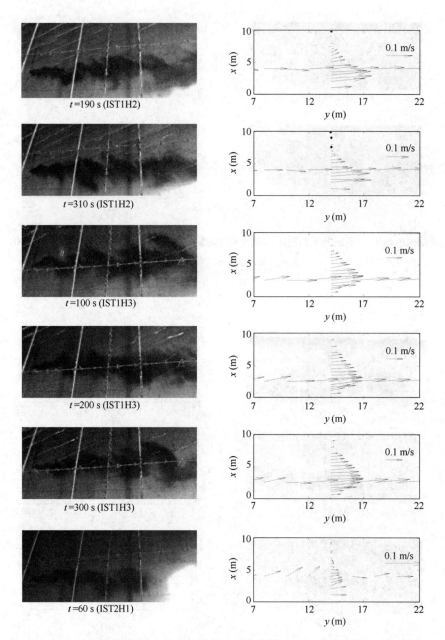

图 4.20（b）　不同波况的墨水运动及对应时刻速度场（二）（不规则波，坡度 1∶40）

左列：墨水运动图；右列：速度场

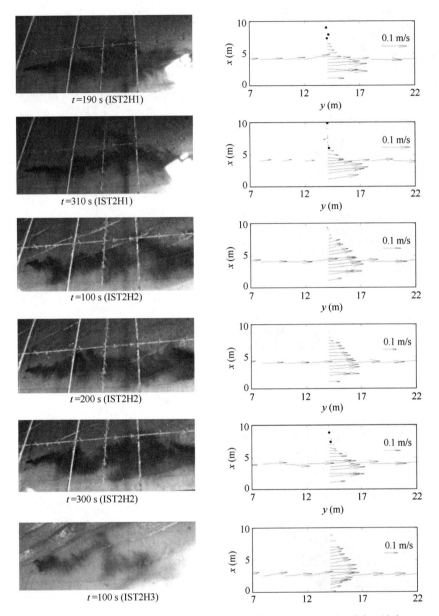

图 4.20（c）　不同波况的墨水运动及对应时刻速度场（三）（不规则波，坡度 1∶40）

左列：墨水运动图；右列：速度场

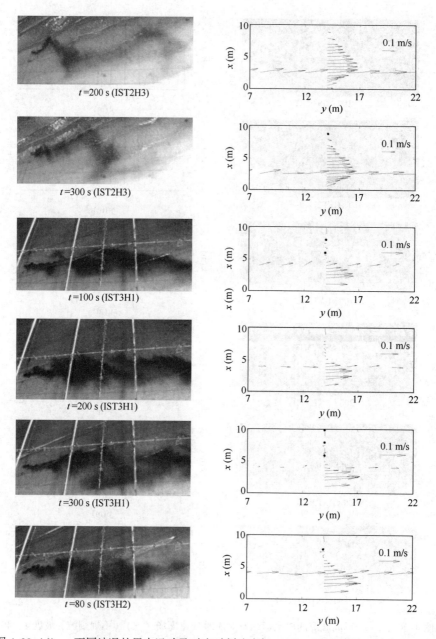

图 4.20（d）　不同波况的墨水运动及对应时刻速度场（四）（不规则波，坡度 1∶40）

左列：墨水运动图；右列：速度场

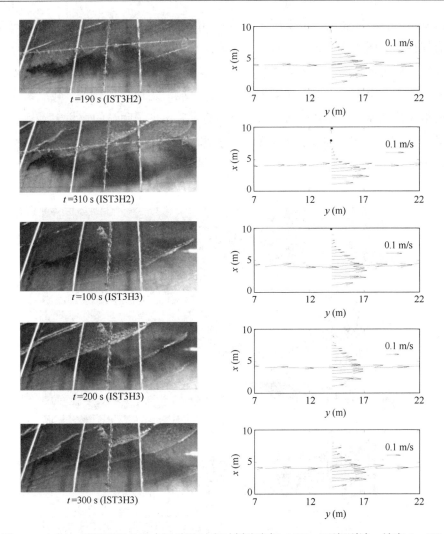

图 4.20（e）　不同波况的墨水运动及对应时刻速度场（五）（不规则波，坡度 1∶40）
左列：墨水运动图；右列：速度场

4.3.2　墨水运动反映的沿岸流不稳定特征分类

4.3.1 节的分析表明，墨水运动的形态能反映沿岸流场的特征。本节通过对实验中沿岸流作用下墨水运动的不同特征进行分类，以此来获得实验中不同坡度、不同波高以及不规则波对沿岸流不稳定运动的影响。

图 4.21 给出了实验过程中沿岸流不稳定运动导致墨水运动的典型特征。依据实验过程中墨水运动的形态将墨水运动分成类型Ⅰ、类型Ⅱ、类型Ⅲ、类型Ⅳ和类型Ⅴ五种类型：类型Ⅰ——墨水轨迹呈规则的蛇状摆动，表明对应位置的沿岸流速度也呈蛇状摆动，如图 4.21 第一幅图显示的墨水运动；类型Ⅱ——墨水轨迹有明显的摆动现象，同时也伴

随着小涡旋运动，表明相应的沿岸流速度是波动的，同时会形成小涡旋，此时的波动不如类型Ⅰ有规律，如图4.21第二幅图显示的墨水运动；类型Ⅲ——墨水轨迹有明显的不规则波动现象，同时还伴随着较大的涡旋运动，如图4.21第三幅图显示的墨水运动；类型Ⅳ——墨水轨迹有个别集中涡，从墨水运动图像上能清楚地看到墨水涡旋汇聚成团状，表明相应的沿岸流场相对前面几种情况来说更不稳定，出现了明显的大集中涡旋运动，如图4.21第四幅图显示的墨水运动；类型Ⅴ——墨水轨迹平行于岸线，呈直线状，不波动，表明对应位置的沿岸流速度是稳定的，如图4.21第五幅图所示。

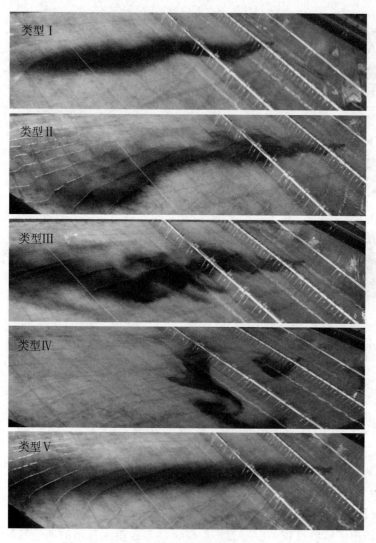

图4.21　沿岸流不稳定运动导致墨水运动的特征

类型 I 墨水轨迹呈规则蛇状波动。由表 4.5 可知，类型 I 包含 9 种波况，1∶100 坡度和 1∶40 坡度规则波情况下都会出现，但两种坡度下出现的条件不同。1∶100 坡度发生在波高 $H \leqslant 3.16$ cm（RMT3H1，$T = 2$ s，$H = 3.16$ cm）的情况下，而 1∶40 坡度则发生在波高 $H \geqslant 8.60$ cm（RST1H2，$T = 1$ s，$H = 8.60$ cm）的情况下。为了说明类型 I 呈现周期波动的特性，图 4.22 给出了类型 I 中波况 RMT1H1 墨水运动各时刻的轨迹图。第一幅图给出了墨水发展的初始状态（$t = 50$ s），在靠近墨水投放侧呈现上凸形式的波动，第四幅图为墨水经过半个周期（$t = 122$ s）后，在靠近墨水投放侧呈下凹形式的波动，第二幅图和第三幅图为中间波动过程，第四幅图和第五幅图具有类似的波动形态，表明它们之间的时间差约为一个波动周期。图 4.1 给出波况 RMT1H1 对应位置的流速时间历程，发现垂直岸方向流速 u 和沿岸方向流速 v 也存在较明显的周期波动。类型 I 对应于线性不稳定发展的线性阶段，具有稳定的周期和波长，从图 4.22 可以看出，波况 RMT1H1 的波动周期约为150 s，相应的波长约为 8 m。

表 4.5　实验各波况对应的墨水运动特征

类型	波况	形态
I	RMT1H1、RMT2H1、RMT3H1、RST1H2、RST2H2、RST3H2、RST1H3、RST2H3、RST3H3	蛇状波动
II	RMT1H2、RMT2H2、RMT3H2	小涡旋
III	IMT1H1、IMT1H2、IMT2H1、IMT2H2、IMT3H1、IMT3H2、IST1H1、IST1H2、IST1H3、IST2H1、IST3H1	摆动伴随大涡旋
IV	RMT1H3、RMT2H3、RMT3H3、IST2H2、IST2H3、IST3H2、IST3H3	个别集中涡
V	RST1H1、RST2H1、RST3H1	直线状态不波动

类型 II 墨水轨迹在波动的同时伴随着小涡旋运动。类型 II 从大摆动来看，与类型 I 相似，原因是其同样存在线性不稳定周期运动。但它和类型 I 的不同之处是存在着小涡旋运动，使得波动没有像类型 I 那样规则。由表 4.5 可知，类型 II 包含 1∶100 坡度情况下中等波高的规则波中的三种波况。图 4.22 给出了波况 RMT1H2 墨水运动各时刻的轨迹图。第一幅图和第三幅图有非常类似的波动和涡旋结构，表明它们之间的时间差约为一个不稳定周期（$t = 180$ s），受涡旋的影响，其不稳定波长不是很清晰，但其大致范围可由第五幅图（$t = 510$ s）初步得出，约为 13 m。图 4.1 给出波况 RMT1H2 对应位置的流速时间历程，发现垂直岸方向流速 u 和沿岸方向流速 v 存在比类型 I 更明显的波动，速度波动比类型 I 的更大。

类型 III 墨水轨迹在波动的同时伴随着较大的涡旋运动。类型 III 与类型 II 相似，都存在较明显的大摆动，所不同的是，类型 III 墨水运动存在更明显的较大涡旋。由表 4.5 可知，类型 III 包含 11 种波况，包含 1∶100 坡度和 1∶40 坡度情况下的均方根波高不大于 5.71 cm 的

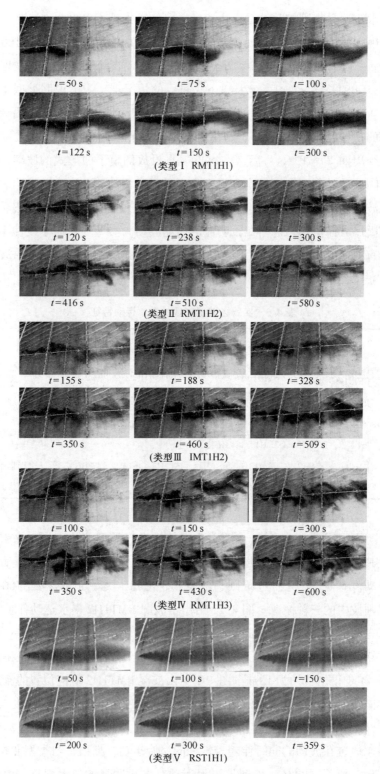

$t=50\text{ s}$ $t=75\text{ s}$ $t=100\text{ s}$

$t=122\text{ s}$ $t=150\text{ s}$ $t=300\text{ s}$

(类型 I RMT1H1)

$t=120\text{ s}$ $t=238\text{ s}$ $t=300\text{ s}$

$t=416\text{ s}$ $t=510\text{ s}$ $t=580\text{ s}$

(类型 II RMT1H2)

$t=155\text{ s}$ $t=188\text{ s}$ $t=328\text{ s}$

$t=350\text{ s}$ $t=460\text{ s}$ $t=509\text{ s}$

(类型 III IMT1H2)

$t=100\text{ s}$ $t=150\text{ s}$ $t=300\text{ s}$

$t=350\text{ s}$ $t=430\text{ s}$ $t=600\text{ s}$

(类型 IV RMT1H3)

$t=50\text{ s}$ $t=100\text{ s}$ $t=150\text{ s}$

$t=200\text{ s}$ $t=300\text{ s}$ $t=359\text{ s}$

(类型 V RST1H1)

图 4.22 墨水运动特征各类型典型波况

不规则波（$H_{rms} \leqslant 5.71$ cm，IST3H2，$T = 2$ s，$H_{rms} = 5.71$ cm）。这表明不规则波相对于规则波而言，更容易出现涡旋运动。图 4.22 给出了波况 IMT1H2 各时刻的墨水运动轨迹图。第一幅图和第六幅图有类似的波动和涡旋结构，表明它们之间的时间差约为一个不稳定周期（$t = 354$ s）。图 4.1 给出波况 IMT1H2 对应位置的流速时间历程，发现垂直岸方向流速 u 和沿岸方向流速 v 存在比类型 Ⅱ 更明显的波动，速度波动比类型 Ⅱ 更大。与类型 Ⅱ 波况 RMT1H2 稍有区别的是，波况 IMT1H2 此时还受不规则波的影响，墨水有被打散的现象。

　　类型 Ⅳ 墨水轨迹在不规则波动的同时伴随着个别集中涡旋运动。与类型 Ⅲ 的区别在于，类型 Ⅳ 此时的涡旋结构非常明显，且几乎贯穿于整个时间序列，此时因其波动受大涡旋影响而严重变形，相对于类型 Ⅲ 来说，此种情况波动已比较紊乱。由表 4.5 可知，类型 Ⅳ 包含 7 种波况，分别为 1∶100 坡度情况下大波高（$H \geqslant 5.43$ cm，RMT2H3，$T = 1.5$ s，$H = 5.43$ cm）的规则波和 1∶40 坡度情况下大波高（$H_{rms} \geqslant 5.71$ cm，IST3H2，$T = 2$ s，$H_{rms} = 5.71$ cm）和大周期（$T \geqslant 1.5$ s）情况下的不规则波。图 4.22 给出了类型 Ⅳ 中波况 RMT1H3 墨水运动各时刻的轨迹图。第一幅图给出了墨水运动初始阶段（$t = 100$ s）的状态，图中清晰地展现了在沿岸中间位置附近，墨水出现了较大范围的剧烈旋转，表明墨水此时受大涡旋影响而旋转，第二幅图右上角墨水有离岸运动的趋势，第四幅图和第六幅图沿岸中间位置，墨水再次出现大范围旋转，第三幅图和第五幅图显示了剧烈变化的中间过程，它们也伴随着较大的涡旋运动。图 4.1 也给出波况 RMT1H3 对应位置的流速时间历程，发现垂直岸方向流速 u 和沿岸方向流速 v 发生了很大的波动，尤其是沿岸方向流速 v 在随时间发展的过程中会出现严重偏离平均值的现象，表明此时的流场很不稳定，出现了大涡旋。这种类型已超出线性不稳定所能解释的范围，是非线性不稳定发展到后期出现的情况。

　　类型 Ⅴ 墨水轨迹沿平行岸线运动，没有发生波动。由表 4.5 可知，类型 Ⅴ 包含 3 种波况，均发生在 1∶40 坡度规则波情况下，经比较发现，在该坡度下，当波高 $H \leqslant 6.50$ cm 时（RST2H1，$T = 1.5$ s，$H = 6.50$ cm），各波况均是稳定的。图 4.22 给出了类型 Ⅴ 中波况 RST1H1 墨水运动各时刻的轨迹图，墨水几乎沿平行岸线运动，垂直岸线方向的扩散宽度集中在离岸线 1~3 m 宽的区间内。图 4.1 也给出波况 RST1H1 对应位置的流速时间历程，发现垂直岸方向流速 u 和沿岸方向流速 v 几乎成一条直线（相对平均值来说，波动很小）。这些都表明，类型 Ⅴ 各波况相对较稳定。

4.4　小结

　　本章介绍了沿岸流不稳定运动实验中的墨水投放、采集和分析方法，运用最大熵谱估计对实验中各波况沿岸流速时间历程进行了谱分析，根据谱分析结果对实验各波况进行分类讨论，并给出对应分类产生原因的初步解释；结合墨水运动图进一步反映了沿岸流不稳定运动的特征，并依据墨水运动的不同特征对沿岸流不稳定运动进行分类讨论。具体结论如下。

（1）由实验中各波况沿岸流速时间历程的谱分析结果可知，实验中沿岸流不稳定出现多个波动频率的原因主要有四类，包含由线性不稳定引起、非线性不稳定倍周期阶段引起、平均沿岸流沿岸不均匀引起以及其他涡运动等的影响引起。

（2）由实验中墨水运动的形态将墨水运动分成五种类型：类型Ⅰ——蛇状摆动；类型Ⅱ——摆动伴随小涡旋；类型Ⅲ——摆动伴随较大涡旋；类型Ⅳ——个别集中涡；类型Ⅴ——不波动。通过1∶100坡度和1∶40坡度情况下墨水运动的对比可以发现，在1∶100坡度规则波作用下产生的沿岸流存在明显的周期摆动情况，而在1∶40坡度规则波小波高作用下的摆动不明显，相应时刻的流场也表明了这一点。但在1∶40坡度大波高作用下能基本重现1∶100坡度情况下出现的周期波动的不稳定特征。

（3）相对于规则波而言，不规则波产生的墨水摆动有点紊乱，没有规则波的摆动整齐。大波高发生破碎时，会打散原来墨水的摆动形状，使得不规则波作用下的墨水扩散相对规则波作用下的墨水扩散更离散，且墨水轮廓线更不光滑。波高越大，非线性不稳定运动越明显，涡旋也越明显；同时通过仔细观察实验中的墨水输移扩散过程发现，周期越大，涡旋也相对更明显，但不如波高影响显著。

5 沿岸流线性不稳定分析

第 4 章沿岸流不稳定实验给出了 1∶100 坡度和 1∶40 坡度情况下沿岸流不稳定的谱特征和墨水运动反映的沿岸流不稳定特征。本章用线性不稳定理论来分析第 4 章实验分析得到的结果，给出实验中出现的一些沿岸流不稳定特征的解释。

本章首先给出沿岸流线性不稳定的数学描述，然后通过对实验拟合得到的沿岸流平均速度剖面进行线性不稳定分析，给出实验各波况沿岸流不稳定的增长模式以及平均沿岸流与摄动流场的叠加流场，通过与第 4 章实验分析得到的沿岸流不稳定运动特征相比，解释实验中出现的沿岸流不稳定特征中的线性不稳定特征现象。

5.1 缓坡海岸沿岸流线性不稳定性特征

沿岸流线性不稳定是指沿岸流受到扰动之后所产生的不稳定发展的初始阶段，非线性还没有起较大的作用。本节给出沿岸流线性不稳定的控制方程及其数值求解。该控制方程是通过将第 3 章中二维近岸环流方程线性化处理得到。该线性化处理是假定在原先稳定均匀沿岸流的基础上加上一个速度扰动，然后通过线性化仅保留与线性扰动成正比的项。

5.1.1 沿岸流线性不稳定控制方程

假定流场内水平流速 (u, v) 由平均的沿岸流速 $V(x)$ 和扰动速度 (u', v') 组成，波面升高 η 由平均波面升高 $\overline{\eta}(x)$ 和扰动波面升高 η' 组成。

$$u(x, y, t) = 0 + u'(x, y, t) \tag{5.1}$$

$$v(x, y, t) = V(x) + v'(x, y, t) \tag{5.2}$$

$$\eta(x, y, t) = \overline{\eta}(x) + \eta'(x, y, t) \tag{5.3}$$

如果这些扰动 u'、v' 和 η' 都很小，它们和基本流变量的关系如下：

$$u'/V \leqslant 1, \quad v'/V \leqslant 1, \quad \eta'/\overline{\eta} \leqslant 1 \tag{5.4}$$

对于平面斜坡，波高在沿岸方向没有变化时，将辐射应力取为稳定的辐射应力，不考虑不稳定的影响，它满足第 3 章中稳定的沿岸流基本方程 (3.1) 至方程 (3.3)，此时方程 (3.2) 至方程 (3.3) 左端等于 0，右端波浪作用力、侧混作用力和底摩擦作用力保持平衡。将波浪作用力表达式 (3.5)、侧混作用力表达式 (3.8) 和底摩擦作用力表达式 (3.11) 代入方程 (3.2) 至方程 (3.3) 右端可得简化形式的动量平衡方程

$$g \frac{\partial \overline{\eta}}{\partial x} = -\frac{1}{\rho d} \frac{\partial S_{xx}}{\partial x} \tag{5.5}$$

$$-\frac{\partial}{\partial x}\left(\nu_e \mathrm{d}\frac{\partial V}{\partial x}\right) + \mu V = -\frac{1}{\rho}\frac{\partial S_{xy}}{\partial x} \tag{5.6}$$

把式（5.1）至式（5.3）代入沿岸流基本方程（3.1）至方程（3.3）中，利用公式（5.5）和公式（5.6），同时忽略非线性项和方程中的耗散项可得线性化后的扰动控制方程

$$\frac{\partial \eta'}{\partial t} + \frac{\partial}{\partial x}(hu') + \frac{\partial}{\partial y}(hv') = 0 \tag{5.7}$$

$$\frac{\partial u'}{\partial t} + V\frac{\partial u'}{\partial y} = -g\frac{\partial \eta'}{\partial x} - \frac{\mu}{h}u' \tag{5.8}$$

$$\frac{\partial v'}{\partial t} + u'\frac{\partial V}{\partial x} + V\frac{\partial v'}{\partial y} = -g\frac{\partial \eta'}{\partial y} - \frac{\mu}{h}v' \tag{5.9}$$

其中，底摩擦系数 $\mu = (2/\pi)f_{cw}u_{wa}$ 由式（3.11）给出，u_{wa} 为近底波浪水质点水平速度幅值。

采用"刚盖"假定，在这种情况下，流的加速度由包含平均沿岸流的惯性项驱动。"刚盖"假定包含在方程（5.7）中的 $\partial \eta'/\partial t$ 项同水平流量相比是可忽略的。此时连续方程（5.7）可简化为

$$\frac{\partial}{\partial x}(hu') + \frac{\partial}{\partial y}(hv') = 0 \tag{5.10}$$

引入满足连续方程的流函数 ψ

$$(hu') = -\frac{\partial \psi}{\partial y}, \qquad (hv') = \frac{\partial \psi}{\partial x} \tag{5.11}$$

并且将方程（5.8）对 y 求导后减去方程（5.9）对 x 的导数可以得到

$$\left(\frac{\partial}{\partial t} + V\frac{\partial}{\partial y}\right)\left[\frac{\psi_{yy}}{h} + \left(\frac{\psi_x}{h}\right)_x\right] = \psi_y\left(\frac{V_x}{h}\right)_x + \frac{\mu}{h}\left(-\frac{\psi_{yy}}{h}\right) - \frac{\mu}{h}\left[\left(\frac{\psi_x}{h}\right)_x - \frac{\psi_x h_x}{h^2}\right] \tag{5.12}$$

假设方程（5.12）的解的形式为

$$\psi = \mathrm{Re}\left[\varphi e^{i(ky-\omega t)}\right] \tag{5.13}$$

式中，φ 为流函数的幅值，k 为波动的波数，$\omega = \omega_r + i\omega_i$，$\omega_r$ 为沿岸流波动的圆频率，ω_i 为沿岸流不稳定的增长率。

将式（5.13）代入式（5.12）后可以得到沿岸流线性不稳定的控制方程

$$\left(V - c - i\frac{\mu}{kh}\right)\left[\varphi_{xx} - \left(\frac{h_x}{h}\right)\varphi_x - k^2\varphi\right] - h\left(\frac{V_x}{h}\right)_x\varphi + i\frac{\mu}{kh^2}h_x\varphi_x = 0 \tag{5.14}$$

式中，$c = \omega/k = c_r + ic_i$，$c_r = \omega_r/k$ 即为沿岸流不稳定的相速度。

Bowen 等[42]在平底情况下采用分段光滑的沿岸流速度剖面求得方程（5.14）不考虑底摩擦（$\mu = 0$）时的解析解，得到一定范围的沿岸波数 k 对应的特征向量 φ 和复数特征值 c，从而可以得到相应的沿岸流不稳定模式。但是对于一般的沿岸流分布和海底地形来说，采用

方程（5.14）得到解析解是比较困难的。Putrevu 等[43]首先对该方程进行了数值求解。

5.1.2 模型的数值求解

数值求解所需的边界条件和离散格式如下。

（1）边界条件

$$\varphi = 0(x = 0,\ x \to \infty) \tag{5.15}$$

通过求解在这些条件下的方程的特征值 $c = c_r + \mathrm{i}c_i$，可以得到沿岸流波动不稳定的增长率 ω_i 和传播速度 c_r：$\omega = \omega_r + \mathrm{i}\omega_i = kc_r + \mathrm{i}kc_i$。

（2）数值离散

将流场沿垂直岸方向划分为 N 个等间距网格，节点为 $i = 1,\ 2,\ \cdots,\ N$，网格间距为 Δx，将网格节点上 φ 记为 φ_i（$i = 1,\ 2,\ \cdots,\ N$）。将方程（5.14）用二阶中心差分离散，即

$$V\left(\frac{\varphi_{i+1} - 2\varphi_i + \varphi_{i-1}}{\Delta x^2} - k^2\varphi_i - \frac{\varphi_{i+1} - \varphi_{i-1}}{2\Delta x}\frac{h_x}{h}\right) - h\varphi_i\left(\frac{V_{xx}}{h} - \frac{V_x h_x}{h^2}\right)$$

$$- \mathrm{i}\frac{\mu}{kh}\left(\frac{\varphi_{i+1} - 2\varphi_i + \varphi_{i-1}}{\Delta x^2} - k^2\varphi_i - \frac{\varphi_{i+1} - \varphi_{i-1}}{\Delta x}\frac{h_x}{h}\right)$$

$$= c\left(\frac{\varphi_{i+1} - 2\varphi_i + \varphi_{i-1}}{\Delta x^2} - k^2\varphi_i - \frac{\varphi_{i+1} - \varphi_{i-1}}{2\Delta x}\frac{h_x}{h}\right) \tag{5.16}$$

对式（5.16）整理可得

$$\varphi_{i-1}\left(\frac{V}{\Delta x^2} + \frac{Vh_x}{2h\Delta x} - \mathrm{i}\frac{\mu}{kh\Delta x^2} - \mathrm{i}\frac{\mu h_x}{kh^2\Delta x}\right) + \varphi_i\left(\frac{-2V}{\Delta x^2} - k^2V - V_{xx} + \frac{V_x h_x''}{h}\right.$$

$$\left. + \mathrm{i}\frac{2\mu}{kh\Delta x^2} + \mathrm{i}\frac{\mu k}{h}\right) + \varphi_{i+1}\left(\frac{V}{\Delta x^2} - \frac{Vh_x}{2h\Delta x} - \mathrm{i}\frac{\mu}{kh\Delta x^2} + \mathrm{i}\frac{\mu h_x}{kh^2\Delta x}\right)$$

$$= c\left[\varphi_{i-1}\left(\frac{1}{\Delta x^2} + \frac{h_x}{2h\Delta x}\right) + \varphi_i\left(\frac{-2}{\Delta x^2} - k^2\right) + \varphi_{i+1}\left(\frac{1}{\Delta x^2} - \frac{h_x}{2h\Delta x}\right)\right] \tag{5.17}$$

$$V_x = \frac{V_{i+1} - V_i}{\Delta x},\ h_x = \frac{h_{i+1} - h_i}{\Delta x},\ V_{xx} = \frac{V_{i+1} - 2V_i + V_{i-1}}{\Delta x^2} \tag{5.18}$$

将式（5.18）代入式（5.17）得

$$A_{i-1}\varphi_{i-1} + A_i\varphi_i + A_{i+1}\varphi_{i+1} = c(B_{i-1}\varphi_{i-1} + B_i\varphi_i + B_{i+1}\varphi_{i+1})\quad i = 3,\ 4,\ \cdots,\ N - 2 \tag{5.19}$$

其中，$A_{i-1} = \dfrac{V_i}{\Delta x^2}\left(1 + \dfrac{h_{i+1} - h_{i-1}}{4h_i}\right) - \mathrm{i}\dfrac{\mu}{kh\Delta x^2}\left(1 + \dfrac{h_{i+1} - h_{i-1}}{2h_i}\right)$，

$$A_i = V_i\left(-\frac{2}{\Delta x^2} - k^2\right) - \frac{V_{i+1} - 2V_i + V_{i-1}}{\Delta x^2} + \frac{(V_{i+1} - V_{i-1})(h_{i+1} - h_{i-1})}{4\Delta x^2 h_i} + \mathrm{i}\frac{2\mu}{kh\Delta x^2} + \mathrm{i}\frac{\mu k}{h},$$

$$A_{i+1} = \frac{V_i}{\Delta x^2}\left(1 - \frac{h_{i+1} - h_{i-1}}{4h_i}\right) - i\frac{\mu}{kh\Delta x^2}\left(1 - \frac{h_{i+1} - h_{i-1}}{2h_i}\right),$$

$$B_{i-1} = \frac{1}{\Delta x^2}\left(1 + \frac{h_{i+1} - h_{i-1}}{4h_i}\right), \quad B_i = \frac{-2}{\Delta x^2} - k^2, \quad B_{i+1} = \frac{1}{\Delta x^2}\left(1 - \frac{h_{i+1} - h_{i-1}}{4h_i}\right)$$

边界条件数值离散

$$\varphi_1 = \varphi_N = 0 \tag{5.20}$$

这样可得到如下矩阵方程

$$\begin{pmatrix} 1 & 0 & \cdots & & 0 \\ A_{i-1} & A_i & A_{i+1} & & \\ & \ddots & \ddots & \ddots & \\ & & A_{N-2} & A_{N-1} & A_N \\ 0 & & \cdots & 0 & 1 \end{pmatrix}\begin{pmatrix} \varphi_1 \\ \vdots \\ \vdots \\ \vdots \\ \varphi_N \end{pmatrix} = c\begin{pmatrix} 0 & & \cdots & & 0 \\ B_{i-1} & B_i & B_{i+1} & & \\ & \ddots & \ddots & \ddots & \\ & & B_{N-2} & B_{N-1} & B_N \\ 0 & & \cdots & & 0 \end{pmatrix}\begin{pmatrix} \varphi_1 \\ \vdots \\ \vdots \\ \vdots \\ \varphi_N \end{pmatrix} \tag{5.21}$$

即

$$A(\varphi) = cB(\varphi) \tag{5.22}$$

这里 A 和 B 为 N 行 N 列的矩阵，(φ) 为 N 维特征向量。对给定地形 $h(x)$ 和沿岸流 $V(x)$，利用边界条件式 (5.20)，对于每一个给定的 k，方程 (5.22) 都可求得 N 个特征值 c。在这 N 个特征值中只关心虚部不为零的复数特征值，对于有许多个虚部不为零的复数特征值的情况，则假定在那个波数情况下虚部最大的那个特征值控制着这个波数情况下的不稳定增长模式。而对于特征值虚部全部为零（或者说所有的特征值全为实数）的情况，这意味着在那个波数情况下沿岸流是稳定的。这样就得到了在每个给定波数 k 情况下的不稳定模式。

5.1.3　离散格式的验证

Putrevu 等[43]采用四阶精确中心差分格式求解方程 (5.22)，并对方程 (5.22) 解的精度进行了研究，结果表明，方程 (5.22) 的解主要受垂直岸方向划分的节点数影响，而采用的离散格式对结果影响较小，同时他们的研究表明，计算域对增长率几乎没有影响。所以本节采用较为简单的二阶中心差分格式离散方程 (5.22)。

为了验证本章采用的格式，图 5.1 给出了本章与 Putrevu 等[43]计算的四种地形 [平底 $h(x) =$ 常数、平衡剖面 $h(x) = x^{2/3}$、平面斜坡 $h(x) = x$ 和沙坝剖面 $h(x) = x - (x_0/2)\exp[-30(x - x_0)^2/x_0^2]$，$x_0$ 为破波带宽度] 下 ω_i 和 ω_r 的比较。计算中破波带宽 x_0 取为 1，垂直岸方向计算长度取为 2，取 200 个网格点（与 Putrevu 等[43]计算中选取的参数相同），网格间距为 $\Delta x = 2/200 = 0.01$，波数间隔为 $\Delta k = 0.01$，底摩擦系数 $\mu = 0$。从图 5.1 可以看出，采用本章数值离散格式计算结果与 Putrevu 等[43]的结果符合较好，表明本章的数值模型能够满足计算要求。图 5.1 还表明，在相同流速分布情况下，沙坝剖面地形

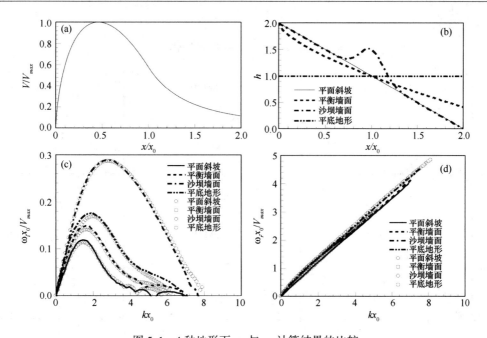

图 5.1　4 种地形下 ω_i 与 ω_r 计算结果的比较

（a）沿岸流平均流速分布；（b）四种地形；（c）ω_i 的计算结果；（d）ω_r 的计算结果。

其中，——、- - - -、- · - ·、- ·· - ·· 为对应 4 种地形的 Putrevu 等[43]的计算结果；

○为对应的本章计算结果

最容易发生不稳定，且对应的不稳定值最大；其次为平底地形；再次为平衡剖面地形，平面斜坡地形最不容易发生不稳定，对应的不稳定增长率值最小。

5.1.4　沿岸流线性不稳定模式

对于沿岸流线性不稳定的控制方程（5.14），只要给定了沿岸流速度分布 $V(x)$ 和水深 $h(x)$，就可求得沿岸流不稳定的增长模式。但前面提到，沿岸流速度分布对沿岸流不稳定增长模式影响较大[43]，因此，为方便 5.2 节计算得到实验平均沿岸流速度剖面对应的线性不稳定增长模式，这里用样条拟合对实验平均沿岸流速度剖面进行拟合，该拟合结果可用于线性不稳定计算。图 5.2 和图 5.3 分别给出了 1∶100 坡度情况下规则波和不规则波的拟合结果（实线所示）；图 5.4 和图 5.5 给出了 1∶40 坡度情况下规则波和不规则波的拟合结果（实线所示）。

由上面速度剖面的拟合结果可知，在 1∶100 坡度情况下，平均沿岸流速度剖面海岸一侧呈下凹趋势，而在 1∶40 坡度情况下呈上凸趋势。由于沿岸流线性不稳定是依赖于速度剖面的，而 1∶100 坡度和 1∶40 坡度速度剖面分布不同，因此，这里将探讨这一不同的速度分布对沿岸流线性不稳定特征的影响。

Bowen 等[42]通过一个简单的流速剖面（其沿岸流离岸一侧的背景旋只有一个极值），

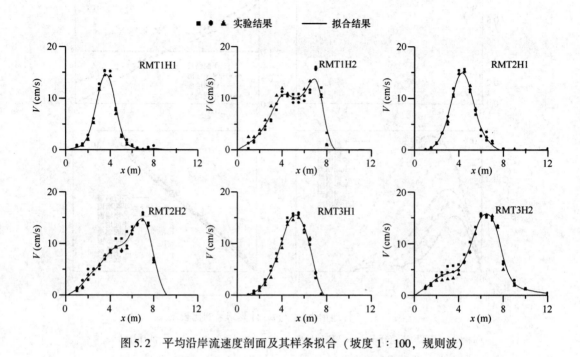

图 5.2　平均沿岸流速度剖面及其样条拟合（坡度 1∶100，规则波）

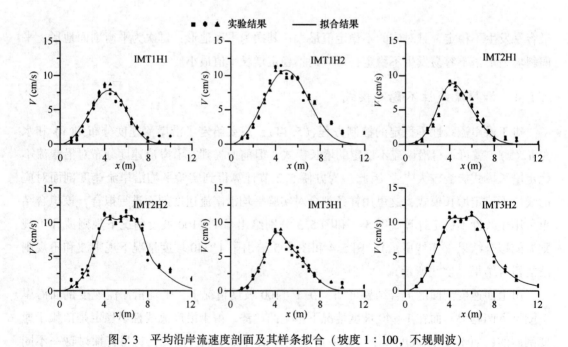

图 5.3　平均沿岸流速度剖面及其样条拟合（坡度 1∶100，不规则波）

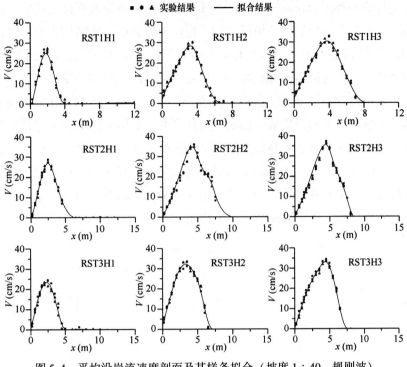

图 5.4 平均沿岸流速度剖面及其样条拟合（坡度 1∶40，规则波）

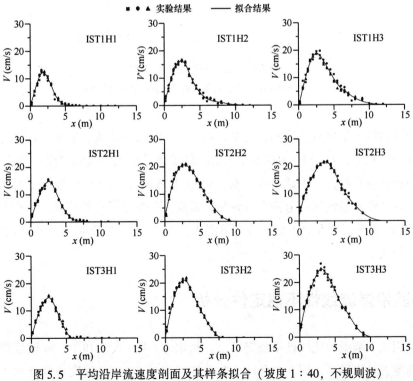

图 5.5 平均沿岸流速度剖面及其样条拟合（坡度 1∶40，不规则波）

用线性不稳定理论解释了 Oltman-Shay 等[8]现场观测到的沿岸流不稳定现象。在这种情况下，考虑的沿岸流只有一个后剪切极值，且不稳定与后剪切极值密切相关，因此称为后剪切。Baquerizo 等[69]通过考虑一个基于 Bowen 和 Holman 的扩展模型，研究了两种不稳定模式的存在和特性，一个与沿岸流峰值离岸一侧背景旋极值（后剪切模式）有关，另一个与沿岸流峰值向岸一侧背景旋极值（前剪切模式）有关，并证明了由于在沿岸流向岸一侧背景旋存在第二极值也会引起沿岸流不稳定。由此可见，剪切不稳定产生的必要条件是速度剖面存在拐点。图 5.6 给出了两种典型的沿岸流速度剖面，岸线位于 $x = x_2$ 处。左图只在离岸一侧 $x = x_s$ 处存在一个拐点，相应的沿岸流可能是不稳定的，即后剪切不稳定；右图除在离岸一侧 $x = x_{s1}$ 处存在一个拐点外，在近岸一侧 $x = x_{s2}$ 处还存在一个拐点，相应的沿岸流也可能是不稳定的，前者对应后剪切不稳定，后者对应前剪切不稳定。

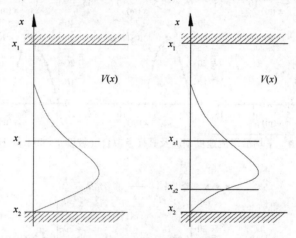

图 5.6　典型沿岸流速度剖面

左图：只有离岸侧有拐点；右图：离岸侧和近岸侧均存在拐点

　　本书的实验结果恰好对应这两种情况，对于 1∶40 坡度来说，它只在沿岸流最大值离岸一侧存在一个拐点；对于 1∶100 坡度来说，除了在沿岸流最大值离岸一侧存在拐点外，在其向岸一侧还存在拐点。因此，本节对 1∶100 坡度和 1∶40 坡度情况下的平均沿岸流速度剖面进行线性不稳定理论分析会得到两个模式：一个是后剪切模式，一个是前剪切模式。1∶40 坡度情况下恰好只出现了后剪切模式，而 1∶100 坡度情况下既有前剪切模式，又有后剪切模式。

5.2　实验沿岸流线性不稳定性分析

　　本节应用 5.1 节沿岸流线性不稳定理论，给出 1∶100 坡度和 1∶40 坡度情况下沿岸流线性不稳定的计算结果。图 5.7 和图 5.8 分别给出了 1∶100 坡度规则波和不规则波情况下沿岸流不稳定运动的增长率 ω_i 和传播速度 c_r 随波数 k 的变化；图 5.9 和图 5.10 分别给出了 1:40 坡度规则波和不规则波情况下沿岸流不稳定运动的增长率 ω_i 和传播速度 c_r 随波数 k 的变化。

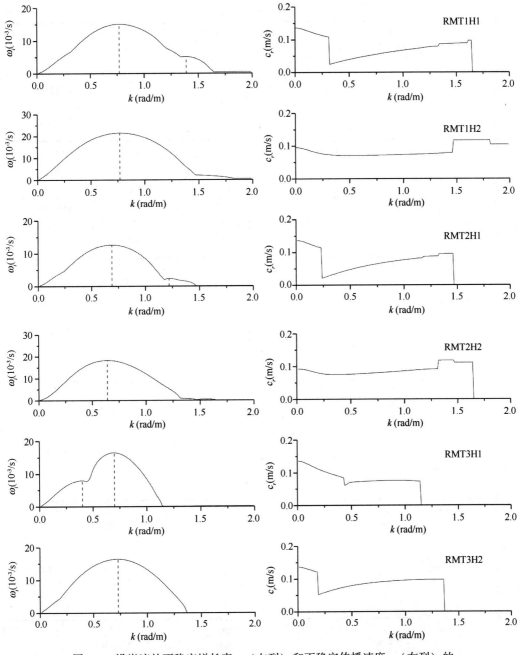

图 5.7 沿岸流的不稳定增长率 ω_i（左列）和不稳定传播速度 c_r（右列）的
计算结果（坡度 1:100，规则波）

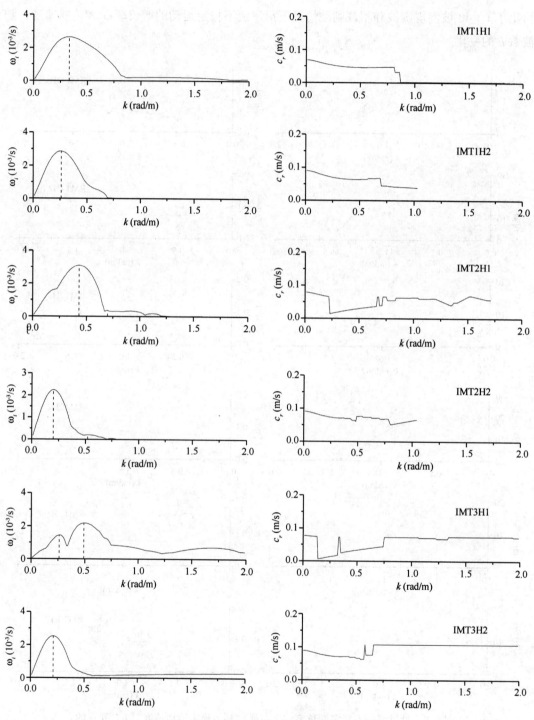

图 5.8　沿岸流的不稳定增长率 ω_i（左列）和不稳定传播速度 c_r（右列）的

计算结果（坡度 1∶100，不规则波）

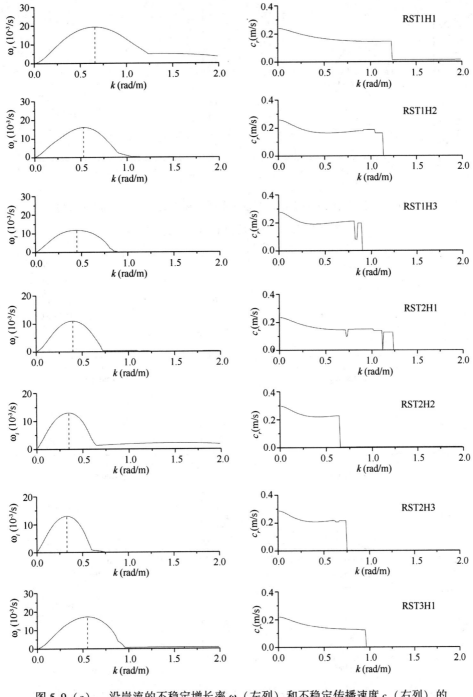

图 5.9（a） 沿岸流的不稳定增长率 ω_i（左列）和不稳定传播速度 c_r（右列）的
计算结果（一）（坡度 1∶40，规则波）

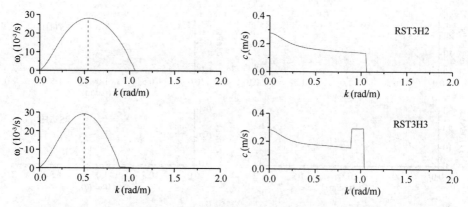

图 5.9（b） 沿岸流的不稳定增长率 ω_i（左列）和不稳定传播速度 c_r（右列）的
计算结果（二）（坡度 1∶40，规则波）

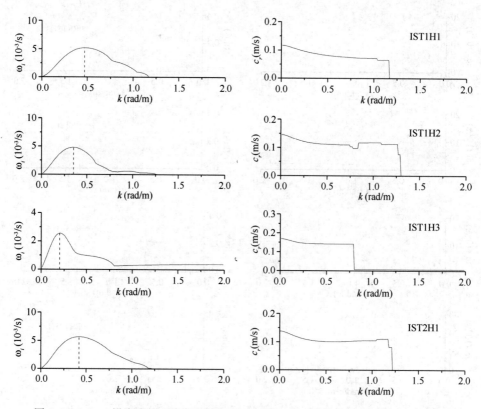

图 5.10（a） 沿岸流的不稳定增长率 ω_i（左列）和不稳定传播速度 c_r（右列）的
计算结果（一）（坡度 1∶40，不规则波）

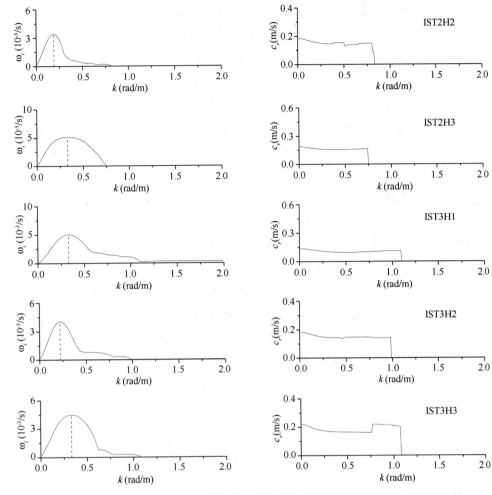

图 5.10（b） 沿岸流的不稳定增长率 ω_i（左列）和不稳定传播速度 c_r（右列）的
计算结果（二）（坡度 1∶40，不规则波）

由图 5.9 至图 5.10 线性不稳定的计算结果可知，1∶40 坡度情况下沿岸流线性不稳定
增长率曲线仅存在一个较大的峰值，由于 1∶40 坡度情况下的平均沿岸流速度剖面仅在其
最大值离岸一侧存在拐点，故由线性不稳定计算得到的不稳定增长率曲线的较大峰值对应
的是后剪切。由图 5.7 和图 5.8 线性不稳定的计算结果可知，在 1∶100 坡度情况下，沿
岸流线性不稳定增长率包含有两个较大峰值的情况以及只有一个较大峰值（次峰相对很
小）的情况。由于 1∶100 坡度情况下的平均沿岸流速度剖面最大值两侧均存在拐点，故
由其线性不稳定计算得到的不稳定增长率可能由前剪切引起，也可能由后剪切引起以及可
能由前剪切和后剪切共同作用引起。为了说明 1∶100 坡度线性不稳定增长率曲线上对应
的峰值是由前剪切引起，还是由后剪切引起，这里通过保持其平均沿岸流离岸一侧速度剖
面不变，将平均沿岸流海岸一侧速度剖面用直线代替，来计算新的速度剖面情况下的线性

不稳定增长模式，将其与原速度剖面情况计算得到的不稳定增长模式对比来说明前剪切不稳定的影响；通过保持其平均沿岸流海岸一侧速度剖面不变，将平均沿岸流离岸一侧速度剖面用直线代替，来计算新的速度剖面情况下的线性不稳定增长模式，将其与原速度剖面情况计算得到的不稳定增长模式对比来说明后剪切不稳定的影响，从而判断出线性不稳定计算结果中的不稳定增长率峰值究竟由前剪切不稳定引起还是由后剪切不稳定引起。

　　1∶100 坡度实验中各波况采用上述方法分析得到不稳定增长率曲线（见附录 C），结果表明，1∶100 坡度实验中，各波况线性不稳定增长率曲线对应的峰值包含三种情况：①不稳定增长率曲线有两个较大峰值，占优峰由前剪切和后剪切共同作用形成，小峰由后剪切或前剪切作用形成；②不稳定增长率曲线只有一个较大峰值，其他峰值相对很小，该较大峰值由前剪切和后剪切共同作用形成；③不稳定增长率曲线只有一个较大峰值，其他峰值相对很小，该较大峰值由后剪切作用形成。表 5.1 中峰 1 表示对应波况不稳定增长率曲线上对应的大峰，峰 2 表示对应波况不稳定增长率曲线上对应的小峰；在产生原因对应列用"+"表示对应波况不稳定增长率对应的峰值由前剪切和后剪切共同作用引起。由表可知：波况 RMT1H1、RMT2H1、RMT3H1、IMT1H1、IMT2H1、IMT2H2、IMT3H1 和 IMT3H2 属于第一种情况，其不稳定增长率曲线中的占优峰由前剪切和后剪切共同作用形成；波况 RMT3H2 和 IMT1H2 属于第二种情况，其不稳定增长率曲线中仅有的大峰（其他峰相对较小可忽略）由前剪切和后剪切共同作用形成；波况 RMT1H2 和 RMT2H2 属于第三种情况，其不稳定增长率曲线中仅有的大峰由后剪切作用形成。

表 5.1　沿岸流线性不稳定计算结果（坡度 1∶100）

波况		k （rad/m）	ω_i （10^{-3}/s）	c （m/s）	L （m）	T （s）	产生原因
RMT1H1	峰 1	0.77	15.0	0.06	8.16	144.5	前剪切+后剪切
	峰 2	1.39	5.2	0.09	4.52	51.9	后剪切
RMT1H2	峰 1	0.77	21.5	0.07	8.16	114.0	后剪切
RMT2H1	峰 1	0.69	12.6	0.06	9.11	147.8	前剪切+后剪切
	峰 2	1.22	2.1	0.09	5.15	59.0	前剪切
RMT2H2	峰 1	0.64	17.4	0.08	9.82	125.7	后剪切
RMT3H1	峰 1	0.70	16.5	0.07	8.98	120.4	前剪切+后剪切
	峰 2	0.40	8.0	0.09	15.71	178.9	前剪切
RMT3H2	峰 1	0.73	16.4	0.07	8.61	96.5	前剪切+后剪切
IMT1H1	峰 1	0.33	2.6	0.05	19.0	388.7	前剪切+后剪切
IMT1H2	峰 1	0.26	2.9	0.07	24.2	346.8	前剪切+后剪切
IMT2H1	峰 1	0.43	3.1	0.03	14.6	547.6	前剪切+后剪切
	峰 2	0.20	1.6	0.07	31.4	448.5	后剪切

波况		k （rad/m）	ω_i （10^{-3}/s）	c （m/s）	L （m）	T （s）	产生原因
IMT2H2	峰1	0.58	8.7	0.07	10.8	147.0	前剪切+后剪切
	峰2	1.84	1.3	0.11	32.0	341.5	前剪切
IMT3H1	峰1	0.49	2.2	0.03	12.8	391.6	前剪切+后剪切
	峰2	0.26	1.5	0.01	24.2	1775	后剪切
IMT3H2	峰1	0.21	2.5	0.08	29.9	398.7	前剪切+后剪切
	峰2	0.63	0.2	0.08	10.0	131.2	前剪切

　　下面分别以 1∶100 坡度规则波波况 RMT1H1（$T=1$ s，$H=2.52$ cm）、RMT3H2（$T=2$ s，$H=4.80$ cm）和 RMT1H2（$T=1$ s，$H=4.90$ cm）为例，通过变化速度剖面来观察线性不稳定增长率曲线的变化，从而说明线性不稳定增长率曲线上对应的峰值是由前剪切或后剪切贡献产生还是二者共同作用产生。图 5.11 分别给出了上述三种波况去除前剪切和后剪切的平均沿岸流速度剖面及其对应的线性不稳定增长率曲线。由图 5.11（a）和图 5.11（a）′可知，保持沿岸流最大值离岸一侧速度剖面不变时，将沿岸流最大值海岸一侧速度剖面用直线代替，此时相当于去除了平均沿岸流海岸一侧速度拐点的影响，即去除前剪切的影响，发现不稳定增长率曲线与由实验拟合得到的速度剖面对应的不稳定增长率曲线类似，有一个较大的峰值和一个较小的峰值；保持沿岸流最大值海岸一侧速度剖面不变时，将沿岸流最大值离岸一侧速度剖面用直线代替，此时相当于去除了平均沿岸流离岸一侧速度拐点的影响，即去除后剪切的影响，发现不稳定增长率曲线只有一个较大的峰值，由此可见，对于由实验拟合得到的速度剖面对应的不稳定增长率曲线的较大峰是由前剪切和后剪切共同作用叠加而成的，而其中较小的峰是由后剪切作用引起的。由图 5.11（b）和图 5.11（b）′可知，由实验拟合得到的速度剖面对应的不稳定增长率曲线只有一个较大峰值，其他峰值相对很小，而前剪切（去除后剪切）和后剪切（去除前剪切）对应的曲线也仅有一个峰值，且都有较大贡献，因此，图中由实验拟合得到的速度剖面对应的不稳定增长率曲线是由前剪切和后剪切共同作用叠加而成的；由图 5.11（c）和图 5.11（c）′可知，由实验拟合得到的速度剖面对应的不稳定增长率曲线只有一个较大峰值，其他峰值相对很小，其中后剪切（去除前剪切）对应的曲线与由实验拟合得到的速度剖面对应的不稳定增长率曲线几乎重合，同时前剪切（去除后剪切）对应的不稳定增长率较小，这表明图中由实验拟合得到的速度剖面对应的不稳定增长率曲线是后剪切作用引起的。

　　表 5.1 还分别给出了 1∶100 坡度情况下各波况前剪切和后剪切两个模式对应的线性不稳定计算结果：最大增长率对应的波数 k_{01} 和 k_{02}（单位：rad/m）、不稳定增长率 ω_{i1} 和

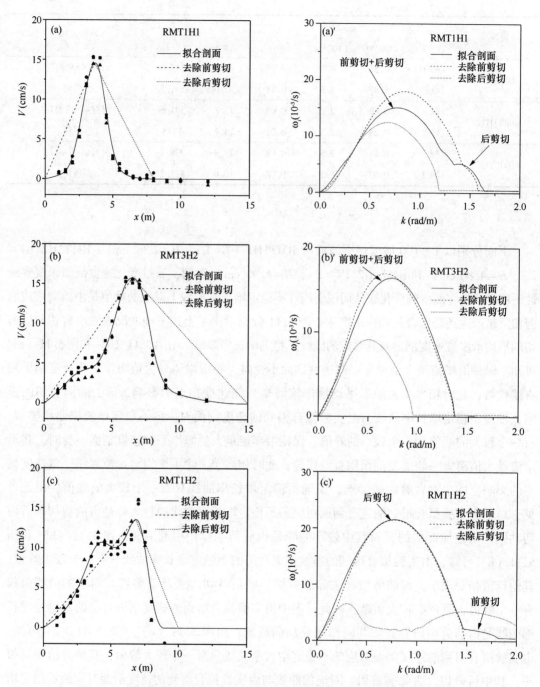

图 5.11　平均沿岸流速度剖面（左列）及其对应的不稳定增长模式（右列）

（a）'中的双峰：占优峰由前剪切和后剪切共同作用形成，小峰由后剪切形成；（b）'中的单峰：单峰由前剪切和后剪切共同作用形成；（c）'中的单峰：单峰由后剪切形成

ω_{i2}（单位：$10^{-3}/s$）、传播速度 c_{r1} 和 c_2（单位：m/s）、不稳定波长 L_1 和 L_2（单位：m）和不稳定波动周期 T_1 和 T_2（单位：s）；表5.2则给出了1∶40坡度情况下仅有的后剪切模式各波况对应的线性不稳定计算结果。

表5.2　沿岸流线性不稳定计算结果（坡度1∶40）

波况	k_{01}（rad/m）	ω_{i1}（$10^{-3}/s$）	c_{r1}（m/s）	L_1（m）	T_1（s）	波况	k_{01}（rad/m）	ω_{i1}（$10^{-3}/s$）	c_{r1}（m/s）	L_1（m）	T_1（s）
RST1H1	0.66	19.2	0.15	9.52	61.8	IST1H1	0.47	5.2	0.08	13.4	162.0
RST1H2	0.53	16.2	0.16	11.9	72.1	IST1H2	0.35	4.8	0.12	17.9	156.0
RST1H3	0.45	11.8	0.19	13.9	73.1	IST1H3	0.20	2.7	0.15	31.4	211.0
RST2H1	0.40	10.9	0.16	15.7	98.0	IST2H1	0.42	5.7	0.10	14.9	146.1
RST2H2	0.35	12.8	0.22	17.9	81.3	IST2H2	0.19	3.4	0.16	33.1	212.2
RST2H3	0.33	13.0	0.21	19.0	90.6	IST2H3	0.33	5.2	0.16	19.0	122.1
RST3H1	0.55	17.6	0.14	11.4	83.7	IST3H1	0.33	5.0	0.10	19.0	188.6
RST3H2	0.54	28.5	0.16	11.6	73.4	IST3H2	0.22	4.1	0.15	28.6	188.7
RST3H3	0.50	29.3	0.18	12.6	71.5	IST3H3	0.33	4.5	0.17	19.0	113.6

由表5.1和表5.2可知，在1∶100坡度和1∶40坡度情况下，规则波作用下的不稳定增长率远大于不规则波作用下的不稳定增长率；不规则波作用下的沿岸流不稳定波动周期为规则波作用下的2~3倍；相同周期情况下，不同波高对沿岸流不稳定波长的影响包含两种情况：第一种情况波高增大，不稳定波数减小，从而不稳定波长增长（如表5.1中波浪周期分别为1 s和1.5 s情况下的规则波和不规则波以及周期为2 s情况下的不规则波，表5.2中波浪周期分别为1 s、1.5 s和2 s情况下的规则波以及周期为1 s情况下的不规则波）；第二种情况与第一种情况相反，波高增大，不稳定波数反而增大，从而不稳定波长缩短（如表5.1中波浪周期为2 s情况下的规则波以及表5.2中波浪周期为1.5 s和2 s情况下的不规则波）。相近波高情况下，周期增大，不稳定波数也减小，从而不稳定波长增长，但增长不明显，远小于波高的影响。例如，在1∶100坡度情况下，规则波RMT1H1和RMT2H1的波高相近，前者的不稳定波数和不稳定波长分别为0.77 rad/m和8.16 m，后者分别为0.69 rad/m和9.11 m；不规则波IMT1H1和IMT2H1与规则波情况类似。在1∶40坡度情况下，规则波RST1H1和RST3H1的波高相近，前者的不稳定波数和不稳定波长分别为0.66 rad/m和9.52 m，后者分别为0.55 rad/m和11.40 m；不规则波IST1H2和IST3H2与规则波情况类似。

需要指出的是，上述线性不稳定计算结果中没有考虑底摩擦的影响，而实际情况下，底摩擦是存在的，因此这里进一步考虑底摩擦对线性不稳定的影响。图 5.12 给出了不规则波 IMT3H1 考虑底摩擦时线性不稳定的计算结果（底摩擦系数取第 6 章非线性不稳定计算时所采用的值 $f_{cw}=0.000\,1$，并在其基础上进一步加大至 $f_{cw}=0.000\,8$）。由图可见，当底摩擦系数 $f_{cw}=0.000\,1$ 时，相应线性不稳定的计算结果与不考虑底摩擦时的计算结果类似，增长率趋势也较一致，只是相应的不稳定增长率值稍有减小；当底摩擦系数增大至 $f_{cw}=0.000\,5$ 时，此时不考虑底摩擦对应的不稳定增长模式中右侧的小峰消失，较大占优峰值对应的不稳定波数 k 几乎不变，而第一个较大峰值对应的不稳定波数 k 缓慢减小，相应的传播速度 c_r 几乎不变；当底摩擦系数增大至 $f_{cw}=0.000\,8$ 时，此时线性不稳定的计算结果只剩下与不考虑底摩擦对应的不稳定增长模式中的占优峰对应波数的单峰，且相应的不稳定增长率值很小。当再进一步增大底摩擦系数到临界值 $f_{cw}=0.001$ 时，不稳定增长率为 0，表时此时不会再发生不稳定。以上分析表明：考虑底摩擦并不会改变占优的不稳定增长模式以及占优不稳定增长模式对应的不稳定波数 k 和传播速度 c_r，这说明考虑底摩擦的影响并不会改变不稳定的波动周期。

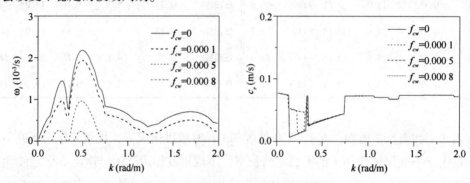

图 5.12　底摩擦对线性不稳定增长率和传播速度的影响（IMT3H1，$T=2$ s，$H_{rms}=2.44$ cm）

5.3　波动周期与实验测量结果的对比

　　第 4 章沿岸流不稳定实验谱分析结果表明，实验中沿岸流不稳定存在四种波动类型，本节将对其中的两种类型（第 I 类和第 III 类）给出解释。

　　第 I 类波动类型由线性不稳定引起，为方便比较，表 5.3 给出了第 I 类波动类型线性不稳定计算得到的波动周期（第一个模式计算出的波动周期）与实验谱分析结果的比较。经比较发现，1：100 坡度情况下的沿岸流线性不稳定第一个模式计算出的波动周期与实验谱分析得到的不稳定周期结果比较接近，相对误差不超过 30%，说明这些波况下的沿岸流处于线性不稳定阶段或弱非线性不稳定阶段，可用线性不稳定分析来解释。1：40 坡度情况下，不规则波波况 IST1H1、IST1H2 和 IST1H3 计算出的波动周期（后剪切模式）对应于第 I 类，与 1：100 坡度情况下第 I 类波况一样，这类波况用线性不稳定计算得到的不

表 5.3 线性不稳定计算得到的波动周期与第 I 类波动实验谱分析结果的比较 单位：s

波况	RMT1H1	RMT1H2	RMT2H1	RMT2H2	RMT3H1	RMT3H2	IMT1H1	IMT1H2
实验	196.1	138.9	196.1	208.3	208.3	208.3	555.6	476.2
	142.9	51.5	144.9	135.1	163.9	122.0	416.7	384.6
	125.0	26.8	117.6	116.3	128.2	105.3	270.3	344.8
计算	144.5	114.0	147.8	125.7	178.9	96.5	388.7	346.8

波况	IMT2H1	IMT2H2	IMT3H1	IMT3H2	IST1H1	IST1H2	IST1H3
实验	500.0	416.7	555.6	555.6	270.3	196.1	277.8
	312.5	344.8	357.1	357.1	166.7	178.6	232.6
	277.8	312.5	312.5	312.5	131.6	163.9	212.8
计算	448.5	341.5	391.6	398.7	162.0	156.0	211.0

稳定周期与第 4 章谱分析得到的不稳定周期结果比较接近，可用线性不稳定分析来解释。

需要指出的是，1∶100 坡度情况下的沿岸流线性不稳定第二个峰值计算出的波动周期约为第一个峰值对应结果的一半（由表 5.1 和表 5.2 可知）。进一步比较第 4 章谱分析所得到的波动周期（见表 4.1 至表 4.4）和本章线性不稳定计算所得的波动周期可知，1∶40 坡度情况下规则波谱分析结果中含有多个波动频率并且很难找到占优的频率，这与本章线性不稳定理论计算得到的波动频率吻合情况不好。第 4 章已对这类波况产生多个波动频率的原因作出了解释，包含波浪破碎等其他涡运动的影响以及沿岸流不均匀的影响。波浪破碎等其他涡运动的影响在第 4 章中已详细阐述，这里不再赘述，本节将通过线性不稳定理论来说明沿岸流沿岸不均匀对沿岸流不稳定的影响。

为了证明沿岸流沿岸不均匀会产生多个不稳定波动频率，这里通过取波况 RST1H3 沿岸方向开始段处三个不同位置处（$y=4.5\,m$、$y=6.5\,m$ 和 $y=8.5\,m$）和实验所测平均沿岸流剖面所在位置 $y=14.5\,m$ 处的平均沿岸流速度剖面（$y=4.5\,m$、$y=6.5\,m$ 和 $y=8.5\,m$ 位置处只有一个测点，如图 2.11 所示，假定该位置处的平均沿岸流与实验测量得到的平均沿岸流成正比）进行线性不稳定分析，来说明沿岸流沿岸不均匀对沿岸流不稳定波动频率的影响。图 5.13 给出了沿岸位置 $y=4.5\,m$、$y=6.5\,m$、$y=8.5\,m$ 和 $y=14.5\,m$ 处的平均沿岸流剖面分布。表 5.4 给出了 $y=4.5\,m$、$y=6.5\,m$、$y=8.5\,m$ 和 $y=14.5\,m$ 处沿岸流线性不稳定运动的计算结果，该结果表明，沿岸流沿岸不均匀会产生不同的波动周期（实验线性增长段沿岸流不稳定波动周期大于较均匀段沿岸流不稳定的波动周期），对沿岸流不稳定波动有较大影响。

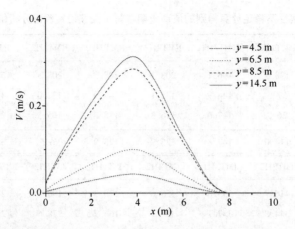

图 5.13　沿岸不同位置处平均沿岸流剖面分布（RST1H3，$T=1$ s，$H=10.50$ cm）

表 5.4　不同位置处沿岸流不稳定运动计算结果

位置	k_{01}（rad/m）	ω_{i1}（10^{-3}/s）	c_{r1}（m/s）	T_1（s）	L_1（m）
$y=4.5$ m	0.45	1.6	0.026	530.1	14.0
$y=6.5$ m	0.45	3.8	0.061	228.6	14.0
$y=8.5$ m	0.45	10.7	0.017	80.4	14.0
$y=14.5$ m	0.45	11.8	0.019	73.1	14.0

5.4　沿岸流线性不稳定空间变化特征

5.2 节给出了 1∶100 坡度和 1∶40 坡度情况下实验各波况对应的线性不稳定特征，本节将研究线性不稳定所能够解释的第Ⅰ类波况相应的沿岸流不稳定流场分布特征。具体方法是用扰动速度场和平均沿岸流叠加而成的，详细过程为：当获得最大增长率对应的波数 k_0 后，即可获得对应的不稳定的传播速度特征值 c 及其对应的特征向量流函数 φ。由 $\varphi(x) = \varphi_r + i\varphi_i$，$\omega = ck = \omega_r + i\omega_i$ 可得，流函数 $\psi(x, y, t)$ 表达式为

$$\psi(x, y, t) = \exp(\omega_i t)[\varphi_r\cos(ky - \omega_r t) - \varphi_i\sin(ky - \omega_r t)] \tag{5.23}$$

扰动速度场可由下式计算：

$$u' = -\frac{\psi_y}{h} = \frac{ke^{\omega_i t}}{h}[\varphi_r\sin(ky - \omega_r t) + \varphi_i\cos(ky - \omega_r t)] \tag{5.24}$$

$$v' = \frac{\psi_x}{h} = \frac{e^{\omega_i t}}{h}\left[\frac{\partial\varphi_r}{\partial x}\cos(ky - \omega_r t) - \frac{\partial\varphi_i}{\partial x}\sin(ky - \omega_r t)\right] \tag{5.25}$$

以上扰动速度的幅值是按指数增长。由于该理论是建立在线性不稳定模型基础上，所

以随着时间的推移，非线性因素将会起主导作用，使得线性不稳定理论不成立，所以由式（5.24）和式（5.25）只能给出对应速度剖面的初始增长模式，即取 $t=0$。在计算过程中对流函数幅值 φ 作了归一化处理（即当 $\varphi_i=0$ 时，设定 $\varphi_r=1$）。需要指出的是，扰动速度的最大值约为平均沿岸流速度最大值的 $1/10^{[77]}$，因此，在计算扰动速度场（u'，v'）与平均沿岸流叠加时，本章将归一化计算出的扰动速度场乘以 $V_{max}/10$（V_{max} 为平均沿岸流速度最大值），然后再与平均沿岸流叠加，从而得到叠加后总的速度场（u'，$V+v'$）。图 5.14 和图 5.15 分别给出了第 I 类波况规则波和不规则波的占优不稳定模式对应的扰动速度场（u'，v'）以及扰动速度场与平均沿岸流的叠加流场（u'，$V+v'$）；对于不规则波 IMT1H1，由于其线性不稳定计算得到的两种不稳定模式对应的增长率较接近，这里给出两种不稳定模式对应扰动速度场（u'，v'）叠加后的扰动速度场（u'，v'）以及该扰动速度场与平均沿岸流的叠加流场（u'，$V+v'$）。

由图 5.15 和图 5.16 可知，进一步和第 4 章中墨水运动随时间演化的图片及相应时刻速度矢量场（见图 4.17 和图 4.18）比较发现，沿岸流不稳定引起的沿岸流呈周期性的摆动，这与实验中观测到的现象一致。规则波情况下：RMT1H1 线性不稳定计算得到的叠加流场与图 4.17 中 $t=250$ s 时实验分析得到的速度矢量场特征相似，摆动波长约为 8 m［从图 4.17 中相应时刻的墨水图片和对应波况的墨水运动照片（见图 5.16）测量取平均值得到］，具体见表 5.5。表 5.5 中只给出了通过墨水 CCD 图像和墨水运动照片能够确定波长的规则波情况，对于不规则波情况，由于墨水被打散，不容易被识别，因此这里没有给出。

表 5.5　线性不稳定计算得到的波长与实验中墨水显示的不稳定波长比较　　　　单位：m

波况	RMT1H1	RMT1H2	RMT2H1	RMT2H2	RMT3H1	RMT3H2
实验结果	7.40	7.67	7.98	8.56	8.49	8.03
线性理论	8.16	8.16	9.11	9.82	8.98	8.61

与上面讨论类似，RMT2H1、RMT2H2、RMT3H1 和 RMT3H2 线性不稳定计算得到的叠加流场与图 4.17 中实验分析得到的速度矢量场摆动特征相似且不稳定波长接近，这表明第 V 类波况规则波对应的沿岸流不稳定处于线性或弱非线性不稳定阶段，可以用线性不稳定理论来解释。第 V 类不规则波情况与规则波情况类似，所不同的是，不稳定波长约为相应规则波情况的 2 倍，不稳定的影响范围比相应规则波情况大，因为不规则波作用下沿岸流分布宽度比相应情况下规则波的沿岸流分布宽度大。

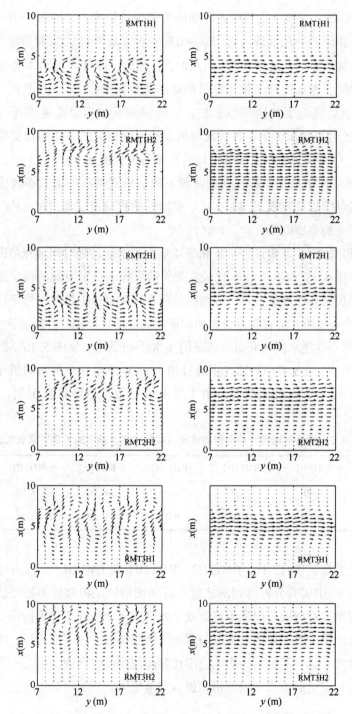

图 5.14　占优的扰动速度场及其与平均沿岸流的叠加速度场（规则波）

左列：扰动速度场；右列：叠加速度场

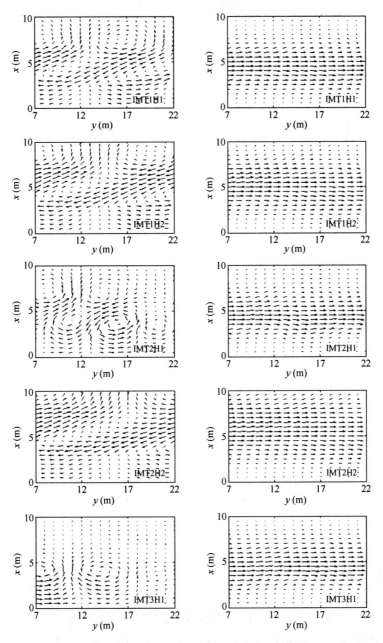

图 5.15（a）　占优的扰动速度场及其与平均沿岸流的叠加速度场（不规则波）（一）

左列：扰动速度场；右列：叠加速度场

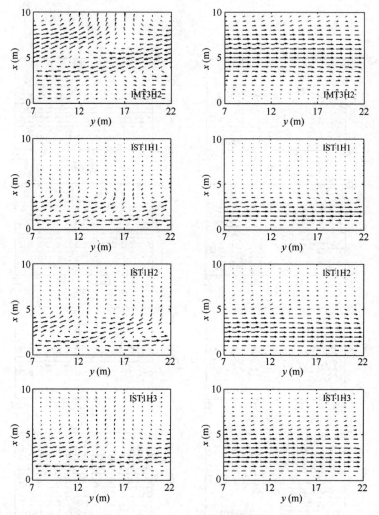

图 5.15（b）　占优的扰动速度场及其与平均沿岸流的叠加速度场（不规则波）（二）

左列：扰动速度场；右列：叠加速度场

5.5　小结

本章首先给出了沿岸流线性不稳定模型的数学描述，基于实验拟合得到的沿岸流平均速度剖面，利用沿岸流线性不稳定模型数值计算了 1∶100 坡度和 1∶40 坡度情况下规则波和不规则波各波况的不稳定特征以及平均沿岸流与摄动流场的叠加流场（与实验较吻合的第Ⅰ类波况），并将计算得到结果与实验结果进行了比较，主要结论如下。

（1）在 1∶40 坡度下，由于平均沿岸流速度剖面只在离岸一侧含有一个拐点，使得其线性不稳定结果只含后剪切模式；在 1∶100 坡度下，由于平均沿岸流最大值向岸一侧存

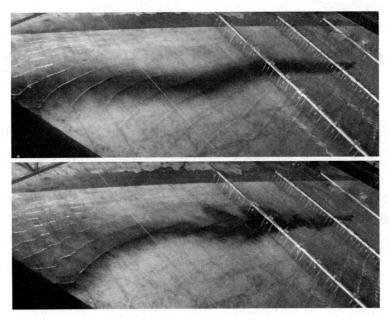

图 5.16 显示不稳定波动波长的实验照片（RMT1H1，$T=1$ s，$H=2.52$ cm）

在拐点，使得其线性不稳定结果包含前剪切和后剪切两个模式，对应不稳定增长率曲线上的峰值对应三种情况：①不稳定增长率曲线有两个较大峰值，占优峰由前剪切和后剪切共同作用形成，小峰由后剪切或前剪切作用形成；②不稳定增长率曲线只有一个较大峰值，其他峰值相对很小，该较大峰值由前剪切和后剪切共同作用形成；③不稳定增长率曲线只有一个较大峰值，其他峰值相对很小，该较大峰值由后剪切作用形成。

（2）考虑底摩擦时的线性不稳定计算会使得相应的不稳定增长率减小，但并不会改变占优的不稳定增长模式以及占优不稳定增长模式对应的不稳定波数 k 和传播速度 c_r，即考虑底摩擦的影响并不会改变不稳定的波动周期；随着底摩擦的增大，考虑底摩擦时会使原来较小的不稳定增长率峰值消失或者逐渐向占优的不稳定增长率峰值接近。

（3）沿岸流线性不稳定的计算结果与谱分析结果中的第Ⅰ类波况较吻合，说明第Ⅰ类波况处于线性不稳定或弱非线性不稳定阶段，能够用线性不稳定理论来解释。此外，线性不稳定还能对沿岸流不稳定出现的其他部分现象，包括沿岸流不均匀等对沿岸流不稳定波动周期的影响等作出一定程度上的解释。线性不稳定理论与实验较吻合的第Ⅰ类波况线性不稳定计算得到的叠加流场与实验分析得到的速度矢量场和不稳定波长也较吻合，相对误差不大于15%。

6 沿岸流非线性不稳定特征数值研究

第 5 章用线性不稳定理论分析了 1：100 坡度和 1：40 坡度沿岸流不稳定特征。需要指出的是，沿岸流线性不稳定模型通常只适用于不稳定的初期发展阶段，当不稳定发展到一定程度后，线性不稳定就不再满足，非线性不稳定开始起主要作用。

非线性不稳定和线性不稳定一样，同样基于二维近岸环流方程，不同的是，非线性不稳定理论保留了线性不稳定理论所忽略的非线性项和耗散项。沿岸流非线性不稳定在时间演化过程中包含涡旋的增强、减弱、碰撞及其相互作用。Allen 等[46]通过数值计算的方法详细研究了 1：20 平坡情况下底摩擦和计算模型沿岸宽度的变化对沿岸流不稳定的影响。Özkan-Haller 等[70]用考虑底摩擦和侧混影响的非线性浅水方程模拟 SUPERDUCK 实验中的剪切不稳定。Allen 等[46]针对的是较陡坡情况，且采用的是 Allen 型初始平均沿岸流速度剖面，但由第 3 章结果可知，较陡坡平均沿岸流速度剖面海岸一侧通常为上凸形式，并不符合 Allen 型分布；Özkan-Haller 等[70]针对的是现场实验的情况。本章基于 1：100 坡度和 1：40 坡度情况下平均沿岸流的实验结果，通过沿岸流非线性不稳定及浓度输移扩散耦合模型，进一步研究缓坡条件下的沿岸流非线性不稳定及其作用下的墨水运动特征。

6.1 沿岸流非线性不稳定及物质输移扩散的数学描述

第 6 章非线性不稳定的控制方程和第 5 章线性不稳定的控制方程同样基于第 3 章给出二维近岸环流方程。与第 5 章不同的是，这里所计算的非线性问题是通过时域办法进行的，所以也需求解第 3 章中的时域方程。为了保证计算得到的沿岸流仍然维持初始的平均沿岸流状态，对方程的有些项进行了特殊处理：将第 3 章中二维近岸环流方程中各作用力项由稳定的平均沿岸流速项和波动项之和来表达。当获得沿岸流不稳定水动力方程之后，本节继续给出深度平均的二维对流扩散方程及相应的扩散系数，从而进一步计算出沿岸流不稳定作用下的墨水扩散。

6.1.1 沿岸流非线性不稳定水动力方程数学描述

沿岸流不稳定水动力方程基于第 3 章沿波浪周期平均和水深平均的二维近岸环流方程（3.1）至方程（3.3）。把流动分为稳定的部分和波动的部分，由 5.1 节分析可知，稳定情况下 x 方向和 y 方向的动量方程满足以下方程

$$g\frac{\partial \overline{\eta}}{\partial x} = -\frac{1}{\rho d}\left(\frac{\partial \overline{S}_{xx}}{\partial x} + \frac{\partial \overline{S}_{xy}}{\partial y}\right) \tag{6.1}$$

$$- \frac{1}{d} \frac{\partial}{\partial x}\left(\nu_e d \frac{\partial V}{\partial x}\right) + \frac{\mu}{d} V = - \frac{1}{\rho d}\left(\frac{\partial \overline{S}_{xy}}{\partial x} + \frac{\partial \overline{S}_{yy}}{\partial y}\right) \tag{6.2}$$

其中，$\overline{S}_{xx}$、$\overline{S}_{xy}$ 和 $\overline{S}_{yy}$ 表示下标所指的相应方向的平均辐射应力。将波浪辐射应力分解为平均辐射应力和波动辐射应力之和，此时 x 方向的平均辐射应力由稳定的增减水 $\overline{\eta}$ 来表达，y 方向的平均辐射应力可用稳定的速度剖面 V 来表达，这样表达的辐射应力满足下面的二维近岸环流方程

$$\frac{\partial \eta}{\partial t} + \frac{\partial}{\partial x}(ud) + \frac{\partial}{\partial y}[vd] = 0 \tag{6.3}$$

$$\frac{\partial u}{\partial t} + u \frac{\partial u}{\partial x} + v \frac{\partial u}{\partial y} = - g \frac{\partial \eta}{\partial x} + g \frac{\partial \overline{\eta}}{\partial x} - \frac{1}{\rho d}\left(\frac{\partial \widetilde{S}_{xx}}{\partial x} + \frac{\partial \widetilde{S}_{xy}}{\partial y}\right) + \tau'_x - \frac{1}{\rho d}\tau_{bx} \tag{6.4}$$

$$\frac{\partial v}{\partial t} + u \frac{\partial v}{\partial x} + v \frac{\partial v}{\partial y} = - g \frac{\partial \eta}{\partial y} - \frac{1}{d} \frac{\partial}{\partial x}\left(\nu_e d \frac{\partial V}{\partial x}\right) + \frac{\mu}{d} V - \frac{1}{\rho d}\left(\frac{\partial \widetilde{S}_{xy}}{\partial x} + \frac{\partial \widetilde{S}_{yy}}{\partial y}\right) + \tau'_y - \frac{1}{\rho d}\tau_{by}$$

$$\tag{6.5}$$

其中，$\widetilde{S}_{xx}$、$\widetilde{S}_{xy}$ 和 $\widetilde{S}_{yy}$ 表示下标所指的相应方向的波动辐射应力，它们的值可这样求得：首先由初始入射边界处总的波能计算得到各位置随时间变化的波能，然后再减去各位置不随时间变化的平均波能，这样可以得到各位置随时间变化的波能的波动部分，该波能的波动部分可按式（3.6）计算得到相应的波动辐射应力。方程（6.4）和方程（6.5）表明 x 方向波浪作用力 $\widetilde{\tau}_x$ 由稳定的增减水 $\overline{\eta}$ 项和波动的辐射应力项来表达 $\left[\widetilde{\tau}_x = g \frac{\partial \overline{\eta}}{\partial x} - \frac{1}{\rho d}\left(\frac{\partial \widetilde{S}_{xx}}{\partial x} + \frac{\partial \widetilde{S}_{xy}}{\partial y}\right)\right]$，$y$ 方向波浪作用力 $\widetilde{\tau}_y$ 由稳定的速度剖面 V 和波动的辐射应力项来表达 $\left[\widetilde{\tau}_y = - \frac{1}{d} \frac{\partial}{\partial x}\left(\nu_e d \frac{\partial V}{\partial x}\right) + \frac{\mu}{d} V - \frac{1}{\rho d}\left(\frac{\partial \widetilde{S}_{xy}}{\partial x} + \frac{\partial \widetilde{S}_{yy}}{\partial y}\right)\right]$。对规则波而言，波动的辐射应力为零，故此时的波浪作用力项可简化为 $\widetilde{\tau}_x = g \frac{\partial \overline{\eta}}{\partial x}$ 和 $\widetilde{\tau}_y = - \frac{1}{d} \frac{\partial}{\partial x}\left(\nu_e d \frac{\partial V}{\partial x}\right) + \frac{\mu}{d} V \widetilde{\tau}_x = g \frac{\partial \overline{\eta}}{\partial x}$，$\widetilde{\tau}_y = - \frac{1}{d} \frac{\partial}{\partial x}\left(\nu_e d \frac{\partial V}{\partial x}\right) + \frac{\mu}{d} V$。方程中的侧向动量混合作用力 τ'_x 和 τ'_y 采用 Özkan - Haller 等[70] 给出的公式（3.8）计算，式中涡黏系数 ν_e 与能量损耗有关，可由 Battjes 公式 $\nu_e = M_0 d (\varepsilon_b/\rho)^{1/3}$ 计算，取 $\varepsilon_b = d(\rho g H^2 c/8)/dx$ 和 $H = \gamma h$，可得 $(\varepsilon_b/\rho)^{1/3} = \left(\frac{5}{16}\gamma^2 h_x\right)^{1/3}$ $\sqrt{gh}$（h_x 为地形坡度），将其代入 Battjes 公式，则涡黏系数可写成 $\nu_e = Mh\sqrt{gh}$，系数 M 的范围为 0.008~0.067（见 6.3.1 节）。方程中的底摩擦作用力项 τ_{bx} 和 τ_{by} 见式（3.11），这些在第 3 章中已阐述过，这里不再赘述。

需要指出的是，方程中的波浪作用力包含辐射应力的波动影响，此时的能量方程与第3章中的式（3.18）相比，应包含波能 E_w 随时间的变化项 $\partial E_w/\partial t$。

$$\frac{\partial E_w}{\partial t} + \frac{\partial E_w c_g \cos\alpha}{\partial x} = -S \tag{6.6}$$

式（6.6）中各项含义仍和式（3.18）中的描述一致。对于规则波来说，因为波能 E_w 不随时间的变化而变化，所以 $\partial E_w/\partial t = 0$，能量方程与第3章中的式（3.18）完全一致。

6.1.2　物质输移扩散方程的数学描述

当通过数值求解得到任一时间步的流场信息时，可调用浓度输移扩散方程来求解相应时刻的浓度场。近岸海域通常水深较浅，浓度沿水深混合较充分均匀，同时实验中 CCD 摄像得到的墨水图片信息也反映了水深平均浓度，因此近岸波流场中浓度输运可采用深度平均的二维对流扩散方程进行计算，即

$$\frac{\partial C}{\partial t} + U\frac{\partial C}{\partial x} + V\frac{\partial C}{\partial y} = \frac{1}{d}\left[\frac{\partial}{\partial x}\left(dD_{cwx}\frac{\partial C}{\partial x}\right) + \frac{\partial}{\partial y}\left(dD_{cwy}\frac{\partial C}{\partial y}\right)\right] + S_m \tag{6.7}$$

式中，C 为水深平均浓度；D_{cwx} 和 D_{cwy} 分别为波流共同作用下物质在 x 方向和 y 方向的混合系数；S_m 为浓度源项。

上面所述对流扩散方程中涉及波流共同作用下混合系数 D_{cwx} 和 D_{cwy} 的选取。对于波流共同作用下的浓度混合系数，通常采用流作用下的扩散系数和波浪作用下的扩散系数简单线性叠加，见式（6.14）。它没有考虑波流相互作用的影响，且具有很强的经验性质，并没有从解析解的角度给出波流共同作用下的混合系数。波生沿岸流作用下，对上式稍做修正即可应用，因为通常沿岸流垂向分布也满足对数分布[85,104,105]，本次沿岸流垂向分布实验结果沿水深呈对数分布[85]也证明了这一点。波流同向（沿 x 轴方向）时，平均混合系数 $\bar{K}_{1x}$ 可表示为[106]

$$\bar{K}_{1x} = 5.93hu_{*x} + T_d\bar{f}_{1ts}^{(1)}hu_{*x} + T_d\bar{f}_1'^{sum}H^2/T + D_x \tag{6.8}$$

式中，u_{*x} 为沿 x 方向的摩阻流速；$\bar{f}_{1ts}^{(1)}$ 和 $\bar{f}_1'^{sum}$ 为相对水深 $\mu = kh$ 的函数，k 为波数；D_x 为 x 方向的紊动扩散系数；$T_d = A^2\omega/D_z$（A 为波幅，ω 为波浪圆频率），是一个无因次量，用来描述波高范围内的垂向扩散效应。因为它能以波高 H（$H = 2A$）和周期 T $\{T_d = (\pi/2)[H^2/(D_z T)]\}$ 的形式来表达。H^2/D_z 是波高范围内的垂向扩散时间尺度，相对于周期 T 来说，该参数是一个相对混合的时间尺度。

式（6.8）所表达的混合系数右端第一项表示水流沿垂向分布不均匀所引起的离散系数，由式中水流摩阻流速 u_{*x} 来体现流的贡献；第二项表示水流和 Stokes 质量输移流相互作用引起的离散系数，其中水流的贡献由 hu_{*x} 来体现，波浪的贡献由 $T_d = A^2\omega/D_z$ 来体现，它反映了波浪波高范围内的垂向扩散效应；第三项表示波浪引起的总的离散系数，它由

$T_d H^2 / T$ 来体现；第四项表示紊动扩散系数。式（6.8）右端第三项与 A^4 成正比，这是由 Stokes 质量输移流速度偏离值与由它自身引起的浓度偏离值、Stokes 质量输移流速度偏离值与波浪水质点速度 $\hat{u}_w \partial \hat{c}_w^{ad} / \partial x$ 和 $\overline{w \partial \hat{c}_w^{ad} / \partial z}$ 引起的浓度偏离值、波浪水平水质点速度偏离值与 Stokes 质量输移流和波浪水质点速度相互作用引起的浓度偏离值以及波浪水平水质点速度偏离值与由它自身引起的浓度偏离值作用所引起。因此，式（6.8）右端第三项与 A^4 成正比是合理的，它恰好通过 $T_d = A^2 \omega / D_z$ 反映了波浪的垂向扩散效应，其中关键是考虑了 Stokes 质量输移流的贡献，但纯波浪贡献也能产生 A^4 项离散系数，只不过它所占的比值很小，约为 5.3%。

上面的解析表达式是在波流同向且没有考虑波浪破碎情况下得到的解析结果，而这里波生沿岸流的波流成一夹角，且有波浪破碎的影响。这可以通过将式（6.8）中与波浪有关的作用项乘以这一夹角的正弦值来考虑这一夹角的影响（沿岸方向），该夹角可通过波浪传播 Snell 定律求得；波浪破碎的影响可以通过一个修正系数来反映，该修正系数可参考以往考虑波浪破碎情况下的结果。为方便应用，将其写成便于直接应用的形式，其表达式如下：

$$\overline{D}_{cwx} = 5.93 h u_{*x} + T_d \bar{f}_{1ts}^{\prime(1)} h u_{*x} \alpha_1 \cos\alpha + T_d \bar{f}_1^{\prime sum} H^2 / T \alpha_1^2 \cos^2\alpha + D_x \qquad (6.9)$$

$$\overline{D}_{cwy} = 5.93 h u_{*y} + T_d \bar{f}_{1ts}^{\prime(1)} h u_{*y} \alpha_1 \sin\alpha + T_d \bar{f}_1^{\prime sum} H^2 / T \alpha_1^2 \sin^2\alpha + D_y \qquad (6.10)$$

式（6.9）和式（6.10）是将波流同向时平均离散系数表达式（6.8）分解到垂直岸方向和沿岸方向，摩阻流速 u_* [$u_{*x} = \sqrt{(4/\pi) f_{cw} u_{wa} u}$, $u_{*y} = \sqrt{(2/\pi) f_{cw} u_{wa} v}$] 由关系式 $\tau_b = \rho u_*^2$（见文献 [7]、文献 [36] 和文献 [37]）计算得到。$\overline{D}_{cwx}$ 和 $\overline{D}_{cwy}$ 分别表示垂直岸方向和沿岸方向的平均混合系数，α 是波浪相对于海岸垂线方向的入射角。式（6.9）和式（6.10）右端第一项表示流引起的离散系数；第二项表示沿岸流和 Stokes 质量输移流相互作用引起的离散系数；第三项表示波浪引起的总的离散系数；第四项表示紊动扩散系数。α_1 为经验系数[81]，考虑到波浪破碎作用的影响，计算中将其修正如下：

$$\alpha_1 = \begin{cases} 5.5 H/h - 2.0 & \text{破碎区} \\ 1.0 & \text{非破碎区} \end{cases} \qquad (6.11)$$

上面关于混合系数的解析表达式从波流场流速分布解析的角度来充分考虑短周期波浪对物质输移扩散的影响，并给出波流相互作用的结果。当给定波高、周期和水深时，由沿岸流受到的水底剪切力和摩阻流速的关系可求得相应的摩阻流速，代入式（6.9）和式（6.10）即可求得混合系数 $\overline{D}_{cwx}$ 和 $\overline{D}_{cwy}$。

关于波、流和波流共同作用下浓度的混合系数，有许多学者对此做了研究，但通常只考虑了流作用下的扩散系数或波浪作用下的扩散系数，下面简单介绍几种常见的扩散系数计算公式并加以分析。

（1）纯流作用下的浓度扩散系数

纯水流作用下深度平均的浓度扩散系数公式主要为 Elder 公式[107]

$$D_{cx} = 5.93\sqrt{gh}\,|u|f_c, \quad D_{cy} = 5.93\sqrt{gh}\,|v|f_c \tag{6.12}$$

该结果是由沿水深为对数分布的流速通过 $\overline{D}_{1t}^{(1)} = -\dfrac{1}{h}\int_h^0 \hat{u}_t \left[\int_0^z \dfrac{1}{D_2}\left(\int_0^z u_t \mathrm{d}z\right)\mathrm{d}z\right]\mathrm{d}z$ 积分得

到 $D = 5.93hu_*$，沿流速 v 方向由 $\tau_b = \rho u_*^2 = \rho\dfrac{g}{C_c^2}v^2$ 可得，$u_* = \sqrt{gf_c}\,|v|$（$f_c = 1/C_c$，C_c 为谢才系数，f_c 为水流摩阻系数），u 方向同理可得。

（2）波浪作用下的污染物扩散系数

纯波浪作用下的污染物扩散系数可采用下式计算[108]

$$D_{wx} = D_{wy} = 0.035\alpha_1 hH/T \tag{6.13}$$

式中，D_{wx} 和 D_{wy} 分别为波浪作用下污染物在 x 方向和 y 方向的扩散系数。

（3）波流共同作用下污染物混合系数

关于波流共同作用下浓度混合系数的计算有多种公式，比较简便的是直接采用线性叠加法[19]

$$D_{cw} = D_c + D_w \tag{6.14}$$

纯流作用下的扩散系数是由 $D = 5.93hu_*$ 得到，表明纯流作用下的扩散系数与混合系数结果一致。纯波浪作用下的扩散系数与本节式（6.9）的右端第三项相比，式（6.9）实际上与 H^4/T^2 成正比，而式（6.13）与 hH/T 成正比。为方便进一步比较，将式（6.13）写成与其一致的形式 $T_d \bar{f}_1'^{sum} H^2/T = T_d(H/h)\bar{f}_1'^{sum} hH/T$，对其进行量级分析可知，该量级与式（6.13）中系数 0.035 属于同一量级，故式（6.13）的结果在同一量级范围。这表明纯波浪作用下，运用式（6.9）和式（6.13）均能得到较合适的扩散系数。但不同的是，式（6.9）与 H^4/T^2 成正比，而式（6.13）与 hH/T 成正比；式（6.9）通过波浪垂向扩散尺度 $T_d = A^2\omega/D_z$ 反映了波浪的垂向扩散效应，若将其视为无量纲常数，式（6.9）也与 hH/T 成正比，这与式（6.13）一致，造成这一区别的关键可能是本章考虑了 Stokes 质量输移流的贡献。这里还需要指出的是，纯波浪水质点作用下也能产生 H^4/T^2，只不过其贡献相对较小。因此在实际中，Stokes 质量输移流的贡献是应当考虑的，且这个过程反映了波浪垂向混合效应。

此外，对于波流共同作用下浓度混合系数，式（6.14）只是简单地进行线性叠加，没有考虑波流相互作用的影响，而且具有很强的经验性质，并没有从解析的角度给出上述结果。本节所使用的混合系数正好克服了这一不足，具有较好的应用前景。

6.1.3 沿岸流非线性不稳定及物质输移扩散方程的数值求解

水动力浅水方程采用三阶预报、四阶校正的 Adams-Bashforth-Moulton（以下简称

ABM）数值方法，在时间上将控制方程离散为四层，分别为 $n-2$、$n-1$、n 和 $n+1$ 层。其中，第 n 层代表当前时间层，具有二阶精度，能够较好地模拟沿岸流不稳定运动，若此过程中考虑不规则波辐射应力的影响，能量守恒方程采用蛙跳格式，在此基础上求解浓度输移扩散方程。对流扩散数学模型的数值离散采用 ADI 交替方向法，求解速度快。为了使所建立的差分格式与海洋中的物质扩散的实际情况相符合，本节采用"逆风式"差分格式，即上游的浓度控制下游的浓度。水动力方程每计算一个时间步，相应的浓度输移扩散方程计算半个时间步，数学模型的数值求解如下。

1）沿岸流不稳定水动力方程的数值求解

将连续方程和动量方程中含有对时间的导数项放在方程的左端，其余各项移至方程右端，则控制方程可重新记作

$$F_1(\eta, u, v) = -u\frac{\partial u}{\partial x} - v\frac{\partial u}{\partial y} - g\frac{\partial \eta}{\partial x} + \tilde{\tau}_x + \tau'_x - \frac{1}{\rho d}\tau_{bx} \tag{6.15}$$

$$F_2(\eta, u, v) = -u\frac{\partial v}{\partial x} - v\frac{\partial v}{\partial y} - g\frac{\partial \eta}{\partial y} + \tilde{\tau}_y + \tau'_y - \frac{1}{\rho d}\tau_{by} \tag{6.16}$$

$$F_3(\eta, u, v) = -\frac{\partial}{\partial x}(ud) - \frac{\partial}{\partial y}(vd) \tag{6.17}$$

方程的空间离散采用如图 6.1 所示的交错网格系统，其中 u 定义在"〇"处，v 定义在"□"处，η 和其余各变量计算点均定义在"×"处。

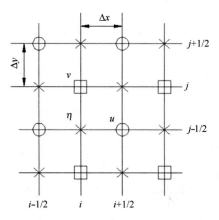

图 6.1　交错网格示意

波面升高对空间的一阶导数采用中心差分格式；对流项采用改进后的迎风格式，将原来向前或者向后的迎风格式变成以中心差分和向前或者向后差分的加权形式，α 和 β 取小于 1 的实数，通过增大中心差分的加权系数以减小由迎风格式引入的人工黏性。具体离散过程如下。

（1）对于 x 方向的动量方程

$$u_{adv}^n = u\frac{\partial u}{\partial x} + v\frac{\partial u}{\partial y} = u_{i+1/2,\,j}^n\left[\,(1-\alpha)u_{i+3/2,\,j}^n + 2\alpha u_{i+1/2,\,j}^n - (1+\alpha)u_{i-1/2,\,j}^n\,\right]/(2\Delta x)$$

$$+\,\bar{v}\left[\,(1-\beta)u_{i+1/2,\,j+1}^n + 2\beta u_{i+1/2,\,j}^n - (1+\beta)u_{i+1/2,\,j-1}^n\,\right]/(2\Delta y) \tag{6.18}$$

其中，$\bar{v} = (v_{i,\,j-1/2}^n + v_{i+1,\,j-1/2}^n + v_{i,\,j+1/2}^n + v_{i+1,\,j+1/2}^n)/4$，$\alpha = \mathrm{sign}(\alpha,\ u_{i+1/2,\,j}^n)$，$\beta = \mathrm{sign}(\beta,\ \bar{v})$，

$$(\widetilde{\tau}_x)_{i+1/2,\,j} = -\frac{1}{\rho d}\left[\frac{\partial\,(S_{xx})_{i+1/2,\,j}}{\partial x} + \frac{\partial\,(S_{xy})_{i+1/2,\,j}}{\partial y}\right]$$

$$= -\frac{1}{\rho d}\left[\frac{(S_{xx})_{i+1,\,j} - (S_{xx})_{i,\,j}}{\Delta x} + \frac{(S_{xy})_{i+1,\,j+1} + (S_{xy})_{i,\,j+1} - (S_{xy})_{i+1,\,j-1} - (S_{xy})_{i,\,j-1}}{4\Delta y}\right],$$

$$(\tau'_x)_{i+1/2,\,j} = \frac{2}{d_{i+1/2,\,j}}\frac{\partial}{\partial x}\left(\nu_{i+1/2,\,j}d_{i+1/2,\,j}\frac{\partial u_{i+1/2,\,j}}{\partial x}\right) + \frac{1}{d_{i+1/2,\,j}}\frac{\partial}{\partial y}\left(\nu_{i+1/2,\,j}d_{i+1/2,\,j}\frac{\partial v_{i+1/2,\,j}}{\partial x}\right)$$

$$= \frac{2}{d_{i+1/2,\,j}}\frac{1}{\Delta x}\left(\nu_{i+1,\,j}d_{i+1,\,j}\frac{u_{i+3/2,\,j} - u_{i+1/2,\,j}}{\Delta x} - \nu_{i,\,j}d_{i,\,j}\frac{u_{i+1/2,\,j} - u_{i-1/2,\,j}}{\Delta x}\right)$$

$$+\,\frac{1}{d_{i+1/2,\,j}}\frac{1}{\Delta y}\left(\nu_{i+1/2,\,j+1/2}d_{i+1/2,\,j+1/2}\frac{v_{i+1,\,j+1/2} - v_{i,\,j+1/2}}{\Delta x} - \nu_{i+1/2,\,j-1/2}d_{i+1/2,\,j-1/2}\frac{v_{i+1,\,j-1/2} - v_{i,\,j-1/2}}{\Delta x}\right),$$

$$(\tau_{bx})_{i+1/2,\,j} = \rho\mu u_{i+1/2,\,j}^n，\quad \frac{\partial\eta_{i+1/2,\,j}}{\partial x} = \frac{\eta_{i+1,\,j} - \eta_{i,\,j}}{\Delta x}$$

（2）对于 y 方向的动量方程

$$v_{adv}^n = u\frac{\partial v}{\partial x} + v\frac{\partial v}{\partial y} = \frac{\bar{u}}{2\Delta x}\left[\,(1-\alpha)v_{i+1,\,j+1/2}^n + 2\alpha v_{i,\,j+1/2}^n - (1+\alpha)v_{i-1,\,j+1/2}^n\,\right]$$

$$+\,\frac{v_{i,\,j+1/2}^n}{2\Delta y}\left[\,(1-\beta)v_{i,\,j+3/2}^n + 2\beta v_{i,\,j+1/2}^n - (1+\beta)v_{i,\,j-1/2}^n\,\right] \tag{6.19}$$

其中，$\bar{u} = (u_{i+1/2,\,j}^n + u_{i-1/2,\,j}^n + u_{i+1/2,\,j+1}^n + u_{i-1/2,\,j+1}^n)/4$，$\alpha = \mathrm{sign}(\alpha,\ \bar{u})$，$\beta = \mathrm{sign}(\beta,\ v_{i,\,j+1/2}^n)$，

$$(\widetilde{\tau}_y)_{i,\,j+1/2} = -\frac{1}{\rho d}\left[\frac{\partial\,(S_{xy})_{i,\,j+1/2}}{\partial x} + \frac{\partial\,(S_{yy})_{i,\,j+1/2}}{\partial y}\right]$$

$$= -\frac{1}{\rho d}\left[\frac{(S_{xy})_{i+1,\,j} + (S_{xy})_{i+1,\,j+1} - (S_{xy})_{i-1,\,j} - (S_{xy})_{i-1,\,j+1}}{4\Delta x} + \frac{(S_{yy})_{i,\,j+1} - (S_{yy})_{i,\,j}}{\Delta y}\right],$$

$$(\tau'_y)_{i,\,j+1/2} = \frac{2}{d_{i,\,j+1/2}}\frac{\partial}{\partial x}\left(\nu_{i,\,j+1/2}d_{i,\,j+1/2}\frac{\partial v_{i,\,j+1/2}}{\partial x}\right)$$

$$= \frac{2}{d_{i,\,j+1/2}}\frac{1}{\Delta x}\left(\nu_{i+1/2,\,j+1/2}d_{i+1/2,\,j+1/2}\frac{v_{i+1,\,j+1/2} - v_{i,\,j+1/2}}{\Delta x} - \nu_{i-1/2,\,j+1/2}d_{i-1/2,\,j+1/2}\frac{v_{i,\,j+1/2} - v_{i-1,\,j+1/2}}{\Delta x}\right),$$

$$(\tau_{by})_{i,\,j+1/2} = \rho\mu v_{i,\,j+1/2}^n，\quad \frac{\partial\eta_{i,\,j+1/2}}{\partial y} = \frac{\eta_{i,\,j+1} - \eta_{i,\,j}}{\Delta y}$$

首先利用 u、v 和 η 在第 $n-2$、第 $n-1$ 和第 n 层时间层上的值分别求出对应各层上式（6.15）至式（6.17）右端项的值 F_1^n、F_1^{n-1}、F_1^{n-2}、F_2^n、F_2^{n-1}、F_2^{n-2}、F_3^n、F_3^{n-1} 和 F_3^{n-2}，再

代入式（6.20）至式（6.22），可得到预报步第 $n+1$ 层时间层的值。

$$u_p^{n+1} = u^n + \frac{\Delta t}{12}(23F_1^n - 16F_1^{n-1} + 5F_1^{n-2}) \tag{6.20}$$

$$v_p^{n+1} = v^n + \frac{\Delta t}{12}(23F_2^n - 16F_2^{n-1} + 5F_2^{n-2}) \tag{6.21}$$

$$\eta_p^{n+1} = \eta^n + \frac{\Delta t}{12}(23F_3^n - 16F_3^{n-1} + 5F_3^{n-2}) \tag{6.22}$$

将 u_p^{n+1}、v_p^{n+1} 和 η_p^{n+1} 代入式（6.15）至式（6.17）得到 $F_{1,k}^{n+1}$，$F_{2,k}^{n+1}$，$F_{3,k}^{n+1}$，再将其和已经求出的第 $n-2$、第 $n-1$ 和第 n 层时间层上的 F 值一起代入式（6.23）至式（6.25）中，得到第 $n+1$ 层时间层的校正值 u_{k+1}^{n+1}、v_{k+1}^{n+1} 和 η_{k+1}^{n+1}。

$$u_{k+1}^{n+1} = u^n + \frac{\Delta t}{24}(9F_{1,k}^{n+1} + 19F_1^n - 5F_1^{n-1} + F_1^{n-2}) \tag{6.23}$$

$$v_{k+1}^{n+1} = v^n + \frac{\Delta t}{24}(9F_{2,k}^{n+1} + 19F_2^n - 5F_2^{n-1} + F_2^{n-2}) \tag{6.24}$$

$$\eta_{k+1}^{n+1} = \eta^n + \frac{\Delta t}{24}(9F_{3,k}^{n+1} + 19F_3^n - 5F_3^{n-1} + F_3^{n-2}) \tag{6.25}$$

将第 $n+1$ 层时间层的校正值 u_{k+1}^{n+1}、v_{k+1}^{n+1} 和 η_{k+1}^{n+1} 及预报值 u_k^{n+1}、v_k^{n+1} 和 η_k^{n+1} 代入式（6.26）中进行误差计算，相对误差的绝对值 error 在误差范围之内则进入下一时刻的计算，否则将 u_{k+1}^{n+1}、v_{k+1}^{n+1} 和 η_{k+1}^{n+1} 赋给 u_k^{n+1}、v_k^{n+1} 和 η_k^{n+1}，并再次代入式（6.23）至式（6.25）中，得到新的校正值 u_{k+1}^{n+1}、v_{k+1}^{n+1} 和 η_{k+1}^{n+1}，再进行误差判断，直至计算区域中的每一点都满足误差条件的要求。

$$\left| \frac{u_{k+1}^{n+1} - u_k^{n+1}}{u_k^{n+1}} \right| \leqslant \text{error}, \quad \left| \frac{v_{k+1}^{n+1} - v_k^{n+1}}{v_k^{n+1}} \right| \leqslant \text{error}, \quad \left| \frac{\eta_{k+1}^{n+1} - \eta_k^{n+1}}{\eta_k^{n+1}} \right| \leqslant \text{error} \tag{6.26}$$

①初始条件

需要指出的是，为了考虑沿岸流速度分布 $V(x)$ 对沿岸流不稳定运动的影响，将给定已知的沿岸流速度分布作为计算域中的初始速度场 $v(x, y, 0)$，并在其基础上加上沿岸方向的初始扰动以使其产生不稳定。变量 u、v 和 η 在初始时刻（$t=0$）的值如下：

$$u(x, y, 0) = 0 \tag{6.27}$$

$$v(x, y, 0) = V(x)[1 + \varepsilon b(y)] \tag{6.28}$$

$$\eta(x, y, 0) = 0 \tag{6.29}$$

式中，$\varepsilon b(y)$ 为以 y 为自变量的余弦函数，表达式如下：

$$\varepsilon b(y) = \varepsilon \sum_{j=1}^{m} b_j \cos[2\pi jy/L^{(y)}] \tag{6.30}$$

其中，b_j 为加权系数，这里取 $b_j = 1$；$L^{(y)} = m(2\pi/k_0)$，k_0 为在平均沿岸流 $V(x)$ 下的最大不稳定增长率所对应的沿岸方向波数；m 为正整数，是计算区域取最大不稳定增长率对应波长的整数倍。

②边界条件

在离岸的边界上，满足以下条件：

$$u = 0, \quad v_x = 0, \quad \eta_x = 0 \tag{6.31}$$

在岸边界上，速度 u 和波面升高 η 的边界条件与离岸边界的要求相同，速度 v 要满足以下条件：

$$v = 0 \tag{6.32}$$

对于上游和下游边界条件，由于海底地形在沿岸方向上没有变化，所以在上游和下游的边界上，可以采用周期性的边界条件：

$$u(y = 0) = u[y = L^{(y)}], \quad v(y = 0) = v[y = L^{(y)}], \quad \eta(y = 0) = \eta[y = L^{(y)}] \tag{6.33}$$

其中，$L^{(y)}$ 为计算区域在沿岸方向的长度。

2）物质输移扩散方程的数值求解

深度平均的二维对流扩散方程（6.7）的离散同样在图 6.1 所示的交错网格上进行，设 C 的差分点与 η 点相同，D_{cwx} 和 D_{cwy} 的差分点分别与 u 点和 v 点相同。为了使所建立的差分格式与海洋中的物质扩散的实际情况相符合，在此采用"逆风式"差分格式，即上游的浓度控制下游的浓度。

对式（6.7）进行离散，首先引进几个符号：

$$\bar{u}_{i,j}^n = \frac{1}{2}(u_{i,j}^n + u_{i-1,j}^n), \quad \bar{v}_{i,j}^n = \frac{1}{2}(v_{i,j}^n + v_{i,j-1}^n), \quad H^n = h_{i,j} + \eta_{i,j}^n \tag{6.34}$$

$$H_W^n = \frac{1}{2}(h_{i,j} + h_{i-1,j} + \eta_{i,j}^n + \eta_{i-1,j}^n), \quad H_E^n = \frac{1}{2}(h_{i,j} + h_{i+1,j} + \eta_{i,j}^n + \eta_{i+1,j}^n) \tag{6.35}$$

$$H_S^n = \frac{1}{2}(h_{i,j} + h_{i,j-1} + \eta_{i,j}^n + \eta_{i,j-1}^n), \quad H_N^n = \frac{1}{2}(h_{i,j} + h_{i,j+1} + \eta_{i,j}^n + \eta_{i,j+1}^n) \tag{6.36}$$

（1）第一时间步（$t \to t + \Delta t/2$）

在 x 方向采用隐式格式，y 方向采用显式格式，则其差分方程为

$$\frac{C_{i,j}^{n+0.5} - \eta_{i,j}^n}{0.5\Delta t} + \frac{\bar{u}_{i,j}^{n+0.5}}{2\Delta x}[(1-\alpha)C_{i,j}^{n+0.5} + 2\alpha C_{i,j}^{n+0.5} - (1+\alpha)C_{i-1,j}^{n+0.5}]$$

$$+ \frac{\bar{v}_{i,j}^n}{2\Delta y}[(1-\beta)C_{i,j+1}^n + 2\beta C_{i,j}^n - (1+\beta)C_{i,j-1}^n]$$

$$= \frac{1}{H^{n+0.5}}\left[\frac{H_E^{n+0.5}(D_{cwx})_{i,j}^{n+0.5}}{\Delta x^2}(C_{i+1,j}^{n+0.5} - C_{i,j}^{n+0.5}) - \frac{H_W^{n+0.5}(D_{cwx})_{i-1,j}^{n+0.5}}{\Delta x^2}(C_{i,j}^{n+0.5} - C_{i-1,j}^{n+0.5})\right]$$

$$+ \frac{1}{H^{n+0.5}}\left[\frac{H_N^{n+0.5}(D_{cwy})_{i,j}^n}{\Delta y^2}(C_{i,j+1}^n - C_{i,j}^n) - \frac{H_S^{n+0.5}(D_{cwy})_{i,j-1}^n}{\Delta y^2}(C_{i,j}^n - C_{i,j-1}^n)\right] + \frac{1}{H^{n+0.5}}SM_{i,j}^{n+0.5}$$

$$\tag{6.37}$$

式 (6.37) 整理可得

$$A_{i-1} C_{i-1, j}^{n+0.5} + B_i C_{i, j}^{n+0.5} + D_{i+1} C_{i+1, j}^{n+0.5} = F_i \tag{6.38}$$

其中,

$$A_{i-1} = -\frac{\overline{u}_{i, j}^{n+0.5}}{2\Delta x}(1 + \alpha) - \frac{1}{H^{n+0.5}} \frac{H_W^{n+0.5} (D_{cwx})_{i-1, j}^{n+0.5}}{\Delta x^2} \tag{6.39}$$

$$B_i = \frac{2}{\Delta t} + \frac{1}{H^{n+0.5}} \left[\frac{H_W^{n+0.5} (D_{cwx})_{i, j}^{n+0.5}}{\Delta x^2} + \frac{H_W^{n+0.5} (D_{cwx})_{i-1, j}^{n+0.5}}{\Delta x^2} \right] + \frac{\overline{u}_{i, j}^{n+0.5}}{\Delta x}\alpha \tag{6.40}$$

$$D_{i+1} = \frac{\overline{u}_{i, j}^{n+0.5}}{2\Delta x}(1 - \alpha) - \frac{1}{H^{n+0.5}} \frac{H_E^{n+0.5} (D_{cwx})_{i, j}^{n+0.5}}{\Delta x^2} \tag{6.41}$$

$$F_i = \left[\frac{1}{H^{n+0.5}} \frac{H_S^{n+0.5} (D_{cwy})_{i, j-1}^{n}}{\Delta y^2} + \frac{\overline{v}_{i, j}^{n}}{2\Delta y}(1 + \beta) \right] C_{i, j-1}^{n}$$

$$+ \left\{ \frac{2}{\Delta t} - \frac{1}{H^{n+0.5}} \left[\frac{H_N^{n+0.5} (D_{cwy})_{i, j}^{n}}{\Delta y^2} + \frac{H_S^{n+0.5} (D_{cwy})_{i, j-1}^{n}}{\Delta y^2} \right] - \frac{\overline{v}_{i, j}^{n}}{\Delta y}\beta \right\} C_{i, j}^{n}$$

$$+ \left[\frac{1}{H^{n+0.5}} \frac{H_N^{n+0.5} (D_{cwy})_{i, j}^{n}}{\Delta y^2} - \frac{\overline{v}_{i, j}^{n}}{2\Delta y}(1 - \beta) \right] C_{i, j+1}^{n} + \frac{1}{H^{n+0.5}} SM_{i, j}^{n+1} \tag{6.42}$$

$$\alpha = \text{sign}(1, \overline{u}_{i, j}^{n+0.5}), \quad \beta = \text{sign}(1, \overline{v}_{i, j}^{n}) \tag{6.43}$$

(2) 第二时间步 ($t + \Delta t/2 \rightarrow t + \Delta t$)

在 y 方向采用隐式格式, x 方向采用显式格式, 其差分方程为

$$\frac{C_{i, j}^{n+1} - C_{i, j}^{n+0.5}}{0.5\Delta t} + \frac{\overline{u}_{i, j}^{n+0.5}}{2\Delta x}[(1 - \alpha) C_{i+1, j}^{n+0.5} + 2\alpha C_{i, j}^{n+0.5} - (1 + \alpha) C_{i-1, j}^{n+0.5}]$$

$$+ \frac{\overline{v}_{i, j+1}^{n+1}}{2\Delta y}[(1 - \beta) C_{i, j+1}^{n+1} + 2\beta C_{i, j}^{n+1} - (1 + \beta) C_{i, j-1}^{n+1}]$$

$$= \frac{1}{H^{n+1}} \left[\frac{H_E^{n+1} (D_{cwx})_{i, j}^{n+0.5}}{\Delta x^2}(C_{i+1, j}^{n+0.5} - C_{i, j}^{n+0.5}) - \frac{H_W^{n+1} (D_{cwx})_{i-1, j}^{n+0.5}}{\Delta x^2}(C_{i, j}^{n+0.5} - C_{i-1, j}^{n+0.5}) \right]$$

$$+ \frac{1}{H^{n+1}} \left[\frac{H_N^{n+1} (D_{cwy})_{i, j}^{n+1}}{\Delta y^2}(C_{i, j+1}^{n+1} - C_{i, j}^{n+1}) - \frac{H_S^{n+1} (D_{cwy})_{i, j-1}^{n+1}}{\Delta y^2}(C_{i, j}^{n+1} - C_{i, j-1}^{n+1}) \right] + \frac{1}{H^{n+1}} SM_{i, j}^{n+1}$$

$$\tag{6.44}$$

式 (6.44) 整理可得

$$A_{j-1} C_{i, j-1}^{n+1} + B_j C_{i, j}^{n+1} + D_{j+1} C_{i, j+1}^{n+1} = F_j \tag{6.45}$$

其中,

$$A_{j-1} = -\overline{v}_{i, j}^{n+1}(1 + \beta)/(2\Delta y) - H_S^{n+1} (D_{cwy})_{i, j-1}^{n+1}/(H^{n+1}\Delta y^2) \tag{6.46}$$

$$B_j = 2/\Delta t + [H_N^{n+1} (D_{cwy})_{i, j}^{n+1}/\Delta y^2 + H_S^{n+1} (D_{cwy})_{i, j-1}^{n+1}/\Delta y^2]/H^{n+1} + \overline{v}_{i, j}^{n+1}\beta/\Delta y \tag{6.47}$$

$$D_{j+1} = \frac{\overline{v}_{i, j}^{n+1}}{2\Delta y}(1 - \beta) - \frac{1}{H^{n+1}} \frac{H_N^{n+1} (D_{cwy})_{i, j}^{n+1}}{\Delta y^2} \tag{6.48}$$

$$F_j = \left[\frac{1}{H^{n+1}} \frac{H_W^{n+1} (D_{cwx})_{i-1,j}^{n+0.5}}{\Delta x^2} + \frac{\overline{u}_{i,j}^{n+0.5}}{2\Delta x}(1+\alpha)\right] C_{i-1,j}^{n+0.5}$$

$$+ \left\{\frac{2}{\Delta t} - \frac{1}{H^{n+1}}\left[\frac{H_E^{n+1} (D_{cwx})_{i,j}^{n+0.5}}{\Delta x^2} + \frac{H_W^{n+1} (D_{cwx})_{i-1,j}^{n+0.5}}{\Delta x^2}\right] - \frac{\overline{u}_{i,j}^{n+0.5}}{\Delta x}\alpha\right\} C_{i,j}^{n+0.5}$$

$$+ \left[\frac{1}{H^{n+1}} \frac{H_E^{n+1} (D_{cwx})_{i,j}^{n+0.5}}{\Delta x^2} - \frac{\overline{u}_{i,j}^{n+0.5}}{2\Delta x}(1-\alpha)\right] C_{i+1,j}^{n+0.5} + \frac{1}{H^{n+1}} SM_{i,j}^{n+1} \qquad (6.49)$$

$$\alpha = \text{sign}(1, \overline{u}_{i,j}^{n+0.5}), \quad \beta = \text{sign}(1, \overline{v}_{i,j}^{n+1}) \qquad (6.50)$$

对式（6.38）和式（6.45）采用追赶法求解即可。

当已知边界处物质的浓度值时，即可给定浓度输移方程的边界条件，但因为测量困难，所以第一类边界往往不易给定。从理论上讲，应满足在无穷远处的物质浓度为零（$c_\infty = 0$）的条件，但所关心的区域往往是有限的，因此必须在计算边界处施加边界条件，这就需要结合实际工程背景来给定合理的边界条件。假定边界处的浓度值与物质团中心处的浓度值相比很小，可施加以下边界条件。

（a）当流体流入计算区域时，沿边界的浓度可置为域外的值，即 $c = 0$；

（b）当流体流出计算区域时，考虑到在远离浓度源的出流边界处浓度分布是平滑连续的，可忽略扩散项的影响，给定下述边界条件：

$$\frac{\partial c}{\partial t} + u \cdot \nabla c = 0 \qquad (6.51)$$

式中，u 为边界处的流速矢量。也可直接近似采用下述更为简捷的连续边界条件：

$$\frac{\partial c}{\partial n} = 0 \qquad (6.52)$$

式中，n 为边界外法线方向。

6.1.4　沿岸流不稳定模型验证

为了验证沿岸流不稳定运动模型的可靠性，针对 Allen 等[46]平面斜坡地形上的沿岸流不稳定运动进行了计算，沿岸流不稳定运动模型和 Allen 等[46]模型都采用二阶精度的中心差分和 ABM 格式的时间步进方法。通过计算所得的沿岸流不稳定运动时间历程和 Allen 等[46]的计算结果对比，发现结果差别很小，这表明本章所用的数学模型是可靠的。

计算区域的地形为平面斜坡（见图 6.2），坡度为 1:20，垂直于岸方向的计算长度 $L^{(x)} = 1\ 000$ m。初始流速 $V(x)$ 采用 $n = 3$ 时的 Allen 型［见式（2.1）］平均沿岸流分布，并使平均沿岸流速度最大值为 $V_{max} = 1$ m/s，最大值位置距岸线 $x = 90$ m 处。该流速剖面对应的沿岸流最大不稳定的增长率 ω_i 相应的波数为 $k_0 = 0.013\ 9$ rad/m，该波数对应的相速度 $c_r = 0.65$ m/s。沿岸流不稳定运动的周期为 $2\pi/(k_0 c_r) = 2\pi/(0.013\ 9 \times 0.65) = 690$ s。本节计算的是沿岸方向的长度为 1 倍最不稳定增长率对应的波长 $\lambda_0 = 2\pi/k_0$ 的情况，所以计

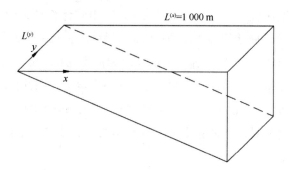

图 6.2　计算区域的海底地形沿岸流剖面分布

算区域沿岸方向的长度 $L^{(y)} = \lambda_0 = 2\pi/k_0 = 2\pi/0.013\,9 = 450$ m 。

图 6.3 给出 Allen 等[46] 取底摩擦系数 $\mu = 0.006$ 时，位于 $x = 90$ m，$y = 0.25L^{(y)} = 112.5$ m 处的垂直岸向速度 u 的时间历程，图 6.4 给出相应情况下沿岸流不稳定运动的数值计算结果。

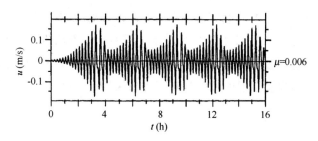

图 6.3　底摩擦系数 $\mu = 0.006$ 时 u 在点 $x = 90$ m，

$y = 0.25L^{(y)} = 112.5$ m 处的时间历程（Allen 等[46] 的结果）

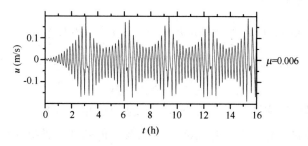

图 6.4　底摩擦系数 $\mu = 0.006$ 时 u 在点 $x = 90$ m，

$y = 0.25L^{(y)} = 112.5$ m 上的时间历程（本章结果）

由图 6.3 和图 6.4 可见，沿岸流不稳定运动模型能较好地重现 Allen 等[46] 的数值计算结果。当 $\mu = 0.006$ 时，沿岸流不稳定运动数值结果中速度 u 的波动幅值出现了群的特征：群的周期约为 3.2 h，每一个群周期含 13 个小周期波动，对应的每个小周期约为 886 s，

u 的波动幅值的范围为 0.06~0.20 m/s；Allen 等[46]相应计算结果中速度的时间历程也出现了类似群的特征：群的周期约为 3 h，比本章结果略小，每一个群周期含 12 个小周期波动，对应的每个小周期约为 900 s，速度 u 的波动幅值为 0.05~0.17 m/s，与本章的结果接近。需要指出的是，空间步长对不稳定群周期有重要影响，当采用较大的空间步长时，相应的群周期也较大。通过与 Allen 等[46]结果的比较可知，每个不稳定波长大约需要 200 个网格点来确保模型的计算精度，故接下来在针对本书实验波况的不稳定计算中，以此为基础确定相应的空间步长。

6.2 不规则波辐射应力的数学描述

浅水方程中波浪驱动力 $\tilde{\tau}_x$ 和 $\tilde{\tau}_y$ 的计算取决于辐射应力的计算结果。对于规则波作用下辐射应力的计算，Longuet-Higgins 等[6]已经给出成熟的结果，对于不规则波作用下的辐射应力，可以将不规则波视为多个规则波叠加组成来考虑。相对于规则波，不规则波更能反映实际波浪的运动状况，本节给出不规则波作用下辐射应力的计算方法，包含不规则波辐射应力的精确计算方法和近似计算方法，并对两种计算方法进行分析比较。结果表明，在窄波能谱情况下，近似计算方法已有很好的精度，可节省大量的计算时间，从而提高计算效率。基于此，针对实验情况的波能计算，本节采用了近似计算方法并用实验结果进行了验证。

6.2.1 不规则波辐射应力精确计算方法

本节通过将不规则波视为一系列规则波（微幅波）的叠加来计算不规则波的辐射应力。首先考虑单向不规则波，其波面升高可表达为

$$\eta(x, t) = \sum_{i=1}^{\infty} A_i \cos(k_i x - \omega_i t + \varepsilon_i) = \mathrm{Re}\left(\sum_{i=1}^{\infty} A_i e^{i\theta_i}\right) \quad (6.53)$$

式中，$\theta_i = k_i x - \omega_i t + \varepsilon_i$，$A_i$ 为组成波的波幅，由波浪能量谱 $S(\omega)$ 确定。

$$A_i = \sqrt{2S(\omega_i)\Delta\omega} \quad (6.54)$$

其中，k_i 和 ω_i 分别是组成波的波数和频率，ε_i 是随机相位（在 0~2π 间平均分布）。式（6.53）是将不规则波看作一系列规则波（微幅波）的叠加。各组成波的频率和波幅由将波能谱分割成宽为 $\Delta\omega$ 的条形的中心频率和面积确定（见图 6.5）。这里的分割是等间距的，$\Delta\omega$ 为常数。

因为控制体两个铅垂侧面上 $\overline{\tilde{u}\tilde{w}} \neq 0$，所以对不规则波的平均压应力要进行修正，有

$$\rho \frac{\partial}{\partial x}\int_z^\eta \overline{\tilde{u}\tilde{w}}\mathrm{d}z - \overline{\rho\tilde{w}^2} = \bar{p} - \rho g(-z + \overline{\eta}) \quad (6.55)$$

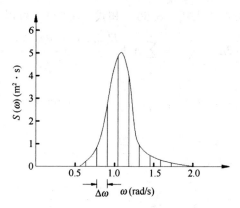

图 6.5 波浪能量谱及其分割

可得 x 和 y 方向的辐射应力为

$$S_{xx} = \rho \int_{-h}^{0} (\overline{\widetilde{u}^2} - \overline{\widetilde{w}^2})\,\mathrm{d}z + \rho g\overline{\eta}^2/2 + \rho \int_{-h}^{0} \int_{z}^{0} \partial\, \overline{\widetilde{u}\widetilde{w}}/\partial x \mathrm{d}z\mathrm{d}z \tag{6.56}$$

$$S_{yy} = \rho \int_{-h}^{0} (\overline{\widetilde{v}^2} - \overline{\widetilde{w}^2})\,\mathrm{d}z + \rho g\overline{\eta}^2/2 + \rho \int_{-h}^{0} \int_{z}^{0} \partial\, \overline{\widetilde{u}\widetilde{w}}/\partial x \mathrm{d}z\mathrm{d}z \tag{6.57}$$

其中，$\widetilde{u}$、$\widetilde{v}$ 和 $\widetilde{w}$ 分别为波浪水质点速度沿 x、y 和 z 三个方向的分量。

由波浪水质点的速度势函数

$$\Phi(x, z, t) = \mathrm{Re}\left[\sum_{i=1}^{\infty} \frac{A_i g}{i\omega_i} \frac{\cosh k_i(z+h)}{\cosh k_i h} e^{i\theta_i}\right] \tag{6.58}$$

可得

$$\widetilde{u}(x, z, t) = \frac{\partial\Phi}{\partial x} = \mathrm{Re}\left[\sum_{i=1}^{\infty} \frac{gA_i k_i}{\omega_i} \frac{\cosh k_i(z+h)}{\cosh k_i h} e^{i\theta_i}\right] \tag{6.59}$$

$$\widetilde{w}(x, z, t) = \frac{\partial\Phi}{\partial z} = \mathrm{Re}\left[\sum_{i=1}^{\infty} \frac{gA_i k_i}{i\omega_i} \frac{\sinh k_i(z+h)}{\cosh k_i h} e^{i\theta_i}\right] \tag{6.60}$$

由两复数 β_1 和 β_2 的运算公式（式中 "$*$" 表示复数共轭）

$$\mathrm{Re}(\beta_1)\mathrm{Re}(\beta_2) = \frac{1}{2}\mathrm{Re}(\beta_1\beta_2) + \frac{1}{2}(\beta_1\beta_2^*) \tag{6.61}$$

可得

$$\overline{\widetilde{u}^2} - \overline{\widetilde{w}^2} = \frac{1}{2}\mathrm{Re}\left[g^2 \sum_{i=1}^{\infty}\sum_{j=1}^{\infty} \left(\frac{A_i k_i}{\omega_i}\right)\left(\frac{A_j k_j}{\omega_j}\right) e^{i(\theta_i-\theta_j)} \frac{\cosh(k_i-k_j)(z+h)}{\cosh k_i h \cosh k_j h}\right] \tag{6.62}$$

$$\frac{\partial\, \overline{\widetilde{u}\widetilde{w}}}{\partial x} = -\frac{1}{2}\mathrm{Re}\left[g^2 \sum_{i=1}^{\infty}\sum_{j=1}^{\infty} \frac{A_j k_j}{\omega_j} \frac{A_i k_i}{\omega_i} e^{i(\theta_i-\theta_j)}(k_i-k_j) \frac{\sinh k_j(z+h)\cosh k_i(z+h)}{\cosh k_j h \cosh k_i h}\right] \tag{6.63}$$

$$\overline{\eta}^2 = \frac{1}{2}\mathrm{Re}\left[\sum_{i=1}^{\infty}\sum_{j=1}^{\infty} A_i A_j e^{i(\theta_i-\theta_j)}\right] \tag{6.64}$$

将式 (6.62) 至式 (6.64) 代入式 (6.56) 和式 (6.57)，可得

$$S_{xx} = \frac{1}{2}\rho g \sum_{i=1}^{\infty}\left(A_i^2\left(2n_i - \frac{1}{2}\right) + \sum_{\substack{j=1\\j\neq i}}^{\infty} A_i A_j\left(\frac{k_j\omega_i/\omega_j - k_i\omega_j/\omega_i}{k_i - k_j} + \frac{1}{2}\right)\cos(\theta_i - \theta_j)\right.$$

$$+ \sum_{\substack{j=1\\j\neq i}}^{\infty}\frac{A_i A_j}{\bar{c}_i\bar{c}_j}\cos(\theta_i - \theta_j)\left\{\frac{1}{k_i + k_j}\left[k_j - k_i\tanh(k_i h)\tanh(k_j h)\right]\right.$$

$$\left.\left.- \frac{k_i^2 + k_j^2}{(k_i + k_j)h(k_i^2 - k_j^2)}\left(\frac{2k_i k_j}{k_i^2 + k_j^2}\tanh k_i h - \tanh k_j h\right)\right\}\right) \tag{6.65}$$

$$S_{yy} = \frac{1}{2}\rho g \sum_{i=1}^{\infty}\left(A_i^2\left(n_i - \frac{1}{2}\right) + \sum_{\substack{j=1\\j\neq i}}^{\infty} A_i A_j\left(\frac{k_i^2\omega_i/\omega_j - k_i^2\omega_j/\omega_i}{k_i^2 - k_j^2} + \frac{1}{2}\right)\cos(\theta_i - \theta_j)\right.$$

$$+ \sum_{\substack{j=1\\j\neq i}}^{\infty}\frac{A_i A_j}{\bar{c}_i\bar{c}_j}\cos(\theta_i - \theta_j)\left\{\frac{1}{k_i + k_j}\left[k_j - k_i\tanh(k_i h)\tanh(k_j h)\right]\right.$$

$$\left.\left.- \frac{k_i^2 + k_j^2}{(k_i + k_j)h(k_i^2 - k_j^2)}\left(\frac{2k_i k_j}{k_i^2 + k_j^2}\tanh k_i h - \tanh k_j h\right)\right\}\right) \tag{6.66}$$

式中，

$$\bar{c}_i = \frac{\omega_i/k_i}{\sqrt{gh}}, \quad \bar{c}_j = \frac{\omega_j/k_j}{\sqrt{gh}}, \quad n_i = \frac{1}{2}\left(1 + \frac{2k_i h}{\sinh 2k_i h}\right) \tag{6.67}$$

对以 α 角度入射的行进波，可应用二维张量坐标变换得到相应的辐射应力张量，此时

$$S = \begin{pmatrix}\cos\alpha & -\sin\alpha\\ \sin\alpha & \cos\alpha\end{pmatrix}\begin{pmatrix}S_{xx} & 0\\ 0 & S_{yy}\end{pmatrix}\begin{pmatrix}\cos\alpha & -\sin\alpha\\ \sin\alpha & \cos\alpha\end{pmatrix}^{-1} \tag{6.67}$$

6.2.2 不规则波辐射应力近似计算方法

上面精确的计算方法可单独考虑不规则波的每一个组成波，但每一个时间步都要对各组成波进行累积求和，计算量较大。这里对其进行简化近似，以达到计算速度和精度都合适的结果。该方法是针对窄波能谱情况，即波谱 $S(\omega)$ 只在峰频 ω 附近才有较大数值，这样的波谱所对应的波面具有明显波群特征。

在 6.2.1 节由波浪能量谱 $S(\omega)$ 确定波面 $\eta(x, t)$ 的表达式 (6.53) 之后，可得波面时间历程的包络表达式为

$$A(x, t) = \sqrt{\eta^2 + \overline{\eta}^2} \tag{6.69}$$

式中，

$$\overline{\eta}(x, t) = \sum_{i=1}^{\infty} A_i\sin(k_i x - \omega_i t + \varepsilon_i) \tag{6.70}$$

这样可由

$$E_w(x, t) = \frac{1}{2}\rho g A^2(x, t) \tag{6.71}$$

得到平底地形各位置随时间变化的波能的精确值。但当地形变化时，上式中各位置的波能将不再保持该解析解的形式，此时，可以将上式原点处计算得到的随时间变化的波能 $E_w(t)$ 作为波能的入射边界条件，然后通过波能守恒方程（6.6），假定波群以峰频对应的传播速度 c_g 向前传播（由于是窄波能谱），可得任一时刻任一位置的波能 $E_w(x, t)$ 的近似值。

同样可近似按规则波的结果计算各时刻各位置的辐射应力，对以 α 角度入射的行进波，有

$$S = E_w(x, t) \begin{bmatrix} n\cos^2\alpha + \dfrac{1}{2}(2n-1) & \dfrac{n}{2}\sin2\alpha \\[3mm] \dfrac{n}{2}\sin2\alpha & n\sin^2\alpha + \dfrac{1}{2}(2n-1) \end{bmatrix} \quad (6.72)$$

这种方法以峰频代替各组成波的频率，只有在窄波能谱的情况下才有较好的精度。该方法的优点是将不规则波近似看成规则波计算，原有的规则波结果可直接应用，计算速度比精确的计算方法要快得多。本实验中的不规则波采用 JONSWAP 谱生成，通过后面的分析可知，实验所生成的不规则波也为窄波能谱，用该计算方法能快速达到有较好精度的结果。

6.2.3 波能近似计算方法实验验证

为验证波能近似计算方法的准确性，首先给出由实验测量得到的波面升高时间历程 $\eta(t)$ 来确定所对应波能的方法。实验中沿垂直岸方向布置了浪高仪（见图 2.6），可以用来记录各个位置的波面升高历程数据 $\eta(t)$，经 Hilbert 变换[109]可得 $\hat{\eta}(t)$，利用 $A(t) = [\eta^2(t) + \hat{\eta}^2(t)]^{1/2}$ 可得波浪的波包线，进而由 $E_w(t) = 1/2\rho g A^2(t)$ 可求得浪高仪所在位置随时间变化的波能 $E_w(t)$。

数值计算中，入射边界直接取离岸最远处第一个浪高仪（距离岸线 22 m）所测的波面升高时间历程数据 $\eta(t)$ 经转化后得到的随时间变化的波能 $E_w(t)$，按 6.2.2 节中的近似处理方法，假定波群以峰频向前传播，由波能量守恒方程（6.6）可计算得到任一时刻任一位置的波能 $E_w(t)$。

图 6.6 给出了波况 IST2H1 不同位置计算得到的波能和实验所测波面升高经 Hilbert 变换后所得的波能滤波（低通滤波截断频率为 0.1 Hz）后值的比较。图 6.6 中第一个图为距离岸线 22 m 处的波能，同时也是入射边界处的波能，二者重合；第二个图为距离岸线 20 m 处的波能，处于平底地形段，比较实验结果和数值结果发现，二者吻合较好，相应的峰值频率位置基本重合，能量大小也符合较好；第三个图为距离岸线 10 m 处的波能，处于平面斜坡地形段，此时波浪未破碎，比较实验结果和数值结果发现，二者吻合也较好，但相对于平底地形段吻合稍差，表现为相应的峰值频率位置稍有偏差，能量大小偏差也比

平底地形段大；第四个图为距离岸线 3 m 处的波能，处于平面斜坡地形段，此时波浪已破碎，比较实验结果和数值结果发现，此时二者偏差较大，实验结果中波能的高频峰值位置和能量大小，在数值计算结果中已很难与其一一对应，但数值计算结果基本能反映实验结果中的平均波能。总体来说，数值计算结果与实验结果吻合较好，尤其是在波浪破碎以前，这表明，波能近似计算方法假定波群以峰频对应的波群速度向前传播是合理的，这其中各位置计算得到的峰频时间点和实验结果存在较小的时间差，可进一步通过修正波群以接近峰频对应的波群速度向岸传播来减小误差，图 6.6 也同时给出了修正传播频率 $f_p =$ 0.5 Hz 的计算结果，由图 6.6 中距离岸线 10 m 处计算结果和实验结果的比较可知，波浪破碎前，修正后计算得到的峰频大小及时间点和实验结果更加接近。图中也给出了采用 Wilmott[110] 提出的统计参数 d_i 来判断不规则波波能、辐射应力的近似计算方法和精确计算方法的接近程度，参数 d_i 值在 0~1 之间，值等于 1 表示二者完全吻合，其值越接近于 1，二者结果越接近，其计算表达式为

$$d_i = 1 - \cfrac{\sum\limits_{i=1}^{N} \left[\beta(i) - \alpha(i) \right]^2}{\sum\limits_{i=1}^{N} \left[\left| \beta(i) - \overline{\alpha} \right| + \left| \alpha(i) - \overline{\alpha} \right| \right]^2} \tag{6.73}$$

式中，$\alpha(i)$ 和 $\beta(i)$ 分别为精确计算方法的结果和近似计算方法的结果，$\overline{\alpha}$ 表示精确计算方法所得结果的平均值。

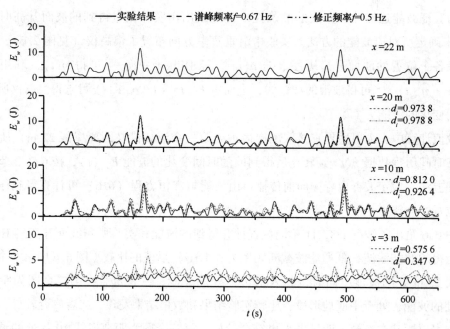

图 6.6　波能近似计算方法和实验所得的波能滤波后比较（IST2H1，$T = 1.5$ s，$H_{rms} = 4.49$ cm）

通过比较可发现，修正后的 d_i 值大于修正前的结果，但波浪破碎后没有得到改善。

故在以后的不规则波辐射应力计算时，可采用近似计算方法来实现快速计算，同时也能得到较好的计算精度。需要指出的是，波浪破碎后，数值计算结果与实验结果偏差较大，主要是由于波浪破碎能量耗散模型很难准确地模拟波浪破碎过程所致。

6.3　模型参数对沿岸流不稳定的影响

6.1.1 节沿岸流不稳定非线性数学模型中包含底摩擦力作用力项 τ_{bx} 和 τ_{by} 及侧向混合作用力项 τ'_x 和 τ'_y。Özkan-Haller 等[70]在模拟 SUPERDUCK 现场实验中的剪切不稳定时指出，底摩擦与侧混对沿岸流不稳定计算结果有重要影响。针对缓坡实验地形，为讨论与实验相符合范围的底摩擦与侧混系数对沿岸流不稳定的影响，首先给出实验中缓坡情况下底摩擦与侧混系数的合理范围，然后在合理的取值范围附近固定侧混系数来讨论底摩擦对沿岸流不稳定的影响，同样通过固定底摩擦系数来讨论侧混系数对沿岸流不稳定的影响。

6.3.1　底摩擦系数和侧混系数的取值范围

式（6.4）和式（6.5）中的底摩擦作用力项 τ_{bx} 和 τ_{by} 实际上由边界层的黏性引起，应通过求解边界层获得。为方便应用，这里没有求解边界层，而是用一个底摩擦系数经验公式来代表边界层影响。此时用了一个底摩擦经验系数，该系数是通过经验值确定的，所以要有一个选定的过程。因为黏性过程中，波浪破碎与不破碎都不同，所以对于现场、实验等不同的情况下底摩擦系数的取值也应该不同。侧混也是一样，它是由湍流引起的侧向混合效应。所以这里给出缓坡实验情况下底摩擦系数和侧混系数的合理范围。

底摩擦作用力采用式（3.11），由第 3 章的论述可知，波流共同作用下的底摩擦系数 f_{cw} 合理的取值范围应介于流底摩擦系数 f_c 和波浪底摩擦系数 f_w 之间。

对于完全粗糙的湍流，流底摩擦系数 $f_c = f/8$，摩阻系数 f 可由下式计算：

$$\frac{1}{\sqrt{f}} = 2.03\log(\frac{h}{\Delta}) + 2.12 \qquad (6.74)$$

对 $10 < 2h/\Delta < 400$，流底摩擦系数 f_c 也可由式（3.15）来表达。波浪底摩擦系数 f_w 可由式（3.12）来表达。

考虑实验地形为光滑水泥平坡地面，水底粗糙度 Δ 较小，取为 0.2 mm；破碎处平均波高 H 取 0.03 m，相应的水深 h 取为 0.1 m，波浪周期 T 取为 1 s，则计算可得相应的流底摩擦系数 $f_c = 0.0004$，波浪底摩擦系数 $f_w = 0.018$，故实验中合理的波流共同作用下的底摩擦系数取值范围为 $0.0004 < f_{cw} < 0.018$。

沿岸流不稳定的底摩擦系数是否要与第 3 章平均沿岸流的底摩擦系数一致，这主要取决于黏性所起的作用。Özkan-Haller 等[70]在对 SUPERDUCK 现场实验的沿岸流不稳定运动进行数值模拟时采用了与平均沿岸流一致的底摩擦系数。但在对实验室的沿岸流不稳定实验进行数值模拟时，黏性并不一定要与现场实验的取值一样。实验室所做的实验把所有条件都按比例缩小了，但是黏性并没有缩小，这就使得实验室中的黏性相对增大了，增大的黏性效应可以通过平均沿岸流考虑进去，所以在第3章平均沿岸流的数值模拟中，通过较大的底摩擦系数来模拟这个黏性效应，使得由它计算得到的平均沿岸流与实验值吻合。但是这个效应对于不稳定来说，可能偏大，也就是说，由第3章平均沿岸流的数值模拟定出的黏性比实际的要大，比沿岸流不稳定发生的黏性也要大，这是因为本书的实验模型存在比尺效应。维持沿岸流不稳定运动所要求的黏性与平均沿岸流所要求的黏性是不同的，因为沿岸流不稳定从本质上来说是由速度等引起的，虽然速度也会受黏性控制，但在这里，惯性对其所起的作用更大。实验中的惯性是按比尺缩小的，但是黏性并没有缩小，所以在考虑实验中的黏性效应时，沿岸流不稳定情况下的黏性要比平均沿岸流情况下的小，因为平均沿岸流实际上包含了比尺效应，对平均沿岸流来说，可以通过选取合适的底摩擦系数来反映这种效应，从而使得平均沿岸流的数值计算结果与实验所测结果吻合。这种比尺效应对于平均沿岸流和沿岸流不稳定来说可能是不一样的，因此在研究沿岸流不稳定运动时，底摩擦系数的取值可以不同于平均沿岸流数值模拟中所采用的底摩擦系数值。综上所述，在研究沿岸流不稳定运动时，底摩擦系数的取值可以不同于平均沿岸流数值模拟中所采用的底摩擦系数值。

涡黏系数 ν_e 由紊动混合系数 ν_t 和 Taylor 离散系数 D_{xx} 组成。George 等[111]指出，紊动混合系数 ν_t 的合理范围为

$$0.002\,5h\sqrt{gh} < \nu_t < 0.005h\sqrt{gh} \tag{6.75}$$

Svendsen 等[112]指出 Taylor 离散系数 D_{xx} 的量级可由下式估算：

$$D_{xx} = \frac{1}{2}\frac{Q_{wx}^2}{\nu_t} \tag{6.76}$$

其中，垂直岸方向波浪体积流量 Q_{wx} 的典型值范围可由 Svendsen 等[113]给出：

$$0.03\left(\frac{H}{h}\right)^2 h\sqrt{gh} < Q_{wx} < 0.1\left(\frac{H}{h}\right)^2 h\sqrt{gh} \tag{6.77}$$

近似取 $H/h = \gamma = 0.42$，可得

$$0.005h\sqrt{gh} < Q_{wx} < 0.018h\sqrt{gh} \tag{6.78}$$

联合式（6.75）和式（6.78）可得合理的涡黏系数 ν_e 的范围为

$$0.008h\sqrt{gh} < \nu_e < 0.067h\sqrt{gh} \tag{6.79}$$

故合理的侧混系数 M 的取值范围为 $0.008 \sim 0.067$。

6.3.2　底摩擦影响

考虑到实验中底摩擦系数 f_{cw} 的合理取值范围应在流底摩擦系数 f_c 和波浪底摩擦系数

f_w 之间，即 $0.0004 < f_{cw} < 0.018$；同时考虑 Özkan-Haller 等[70]在用数值模拟 SUPER-DUCK 现场实验时底摩擦系数的取值范围是 $0.001 < f_{cw} < 0.004$，另外，实验在光滑水泥地面完成，故取底摩擦系数 $f_{cw} = 0.00001$、0.00025、0.0005、0.00075、0.0015 和 0.005，在固定侧混系数 $M = 0.02$ 的情况下，以 1∶40 坡度情况下不规波 IST1H2 为例（不考虑不规则波辐射应力的波动影响），来讨论底摩擦系数 f_{cw} 对沿岸流不稳定的影响。图 6.7 给出了上述波况在沿岸流最大位置 $x = 2.5$ m 处，侧混系数 $M = 0.02$，底摩擦系数 f_{cw} 分别为 0.00001、0.00025、0.0005、0.00075、0.0015 和 0.005 时的流速时间历程。结果表明，当底摩擦系数 f_{cw} 取较小值 0.0005 时，流速时间历程出现了类似群的特性；增大底摩擦系数 f_{cw} 至 0.00075 时，群特性消失，经过一段时间慢慢发展成具有恒定幅值和倍周期的不稳定形式；当进一步增大底摩擦系数 f_{cw} 至 0.005 时，流速历程出现小幅基频波动，与底摩擦系数 $f_{cw} = 0.0015$ 时在 0.6 h 之前的波动类似；再进一步增大底摩擦系数 f_{cw} 时，流速时间历程波动消失，流速是稳定的。底摩擦系数 f_{cw} 越小，不稳定越容易发生且不稳定出现得越早。

进一步观察实验流速历程测量结果发现，底摩擦系数 f_{cw} 取 0.001 时，数值计算历程中 $0.38 \sim 0.58$ h 的波动特征和实验结果（低通滤波截断频率为 0.1 Hz）吻合良好，具体见图 6.8。实验中的波动周期约为 200 s，而数值计算的结果约为 164 s，与实验结果较为吻合；二者的波动幅值也较为吻合，约为 2 cm/s。这表明底摩擦系数 f_{cw} 取 0.001 时，对于 1∶40 坡度不规则波，能基本重现实验中出现的沿岸流不稳定现象，同时也表明，实验中沿岸流处于线性不稳定或弱非线不稳定阶段。

以上从底摩擦系数 f_{cw} 对沿岸流速度时间历程可以看出，底摩擦系数 f_{cw} 越小，沿岸流越早发生不稳定，相应时刻涡旋结构也更明显。通过对时间历程与实验结果对比发现，底摩擦系数 $f_{cw} = 0.001$ 时与实验中出现的不稳定波动现象更为吻合。故对于 1∶40 坡度不规则波波况，取底摩擦系数 $f_{cw} = 0.001$。对于 1∶40 坡度规则波波况，依据同样的方法可发现，底摩擦系数 $f_{cw} = 0.007$ 时与实验结果更为吻合。不规则波在较小底摩擦系数的作用下才能发生不稳定，而规则波可在较大的底摩擦系数作用下产生不稳定，这与第 5 章线性不稳定增长模式的计算结果所反映的不规则波对应的不稳定增长率小于相应规则波的结果一致。同样，对于 1∶100 坡度的情况，取由式（3.16）表达的底摩擦力，规则波取底摩擦系数 $C_f = 0.003$，不规则波取底摩擦系数 $C_f = 0.0001$ 时与实验结果较吻合。

6.3.3 侧混影响

6.3.2 节以波况 IST1H2 为例，在固定侧混系数 $M = 0.02$ 时，讨论了底摩擦系数 f_{cw} 对沿岸流不稳定的影响。与之类似，本节固定底摩擦系数 $f_{cw} = 0.0005$，仍以波况 IST1H2 为例，通过取不同的侧混系数（$M = 0.00$、0.01、0.02、0.03 和 0.04）来讨论侧混系数 M 对沿岸流不稳定的影响。

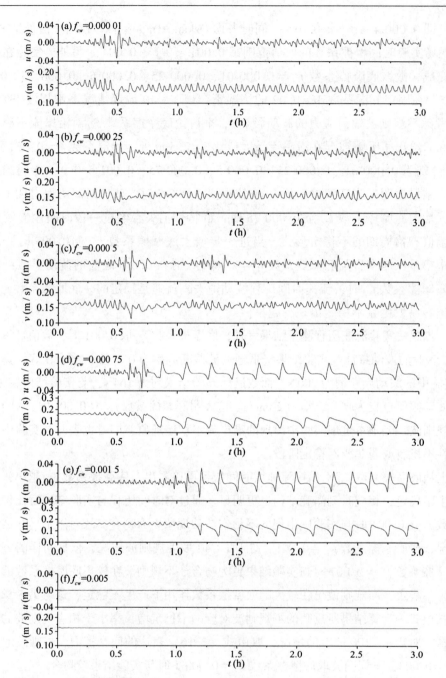

图 6.7 不同底摩擦系数下的流速 u、v 时间历程 [(x, y) = (2.5 m, 14.5 m)，
$M = 0.02$，IST1H2，$T = 1$ s，$H_{rms} = 5.63$ cm]

图 6.9 给出了侧混系数 M 分别为 0.00、0.01、0.02、0.03 和 0.04，在 $t = 5$ 150 s 时的涡旋及流场。当侧混系数 $M = 0.00$ 时，涡旋活动剧烈，在沿岸方向 25 m 附近处，出现了有离岸运动趋势的涡旋，有远离岸线形成裂流的趋势；当侧混系数 $M = 0.01$ 时，沿岸方向 13 m 附近有较大涡旋；当侧混系数 $M = 0.02$ 时，在沿岸方向 10 m 和 22 m 附近，出现了较

明显的涡旋；当侧混系数 $M=0.03$ 时，在沿岸方向 15 m 和 28 m 附近出现了较轻微的涡旋；当侧混系数 $M=0.04$ 时，没有出现明显的涡旋结构，正涡旋位于近岸一侧，负涡旋位于正涡旋离岸一侧，离岸相对较远，零涡旋出现在离岸较远处。与实验结果相比，侧混系数 M 取 0.02 时更符合实验情况。图 6.10 给出了波况 IST1H2 相应的流速时间历程。由图可见，侧混系数 M 越小，不稳定发生的时间越早，不稳定的波动幅值越大。

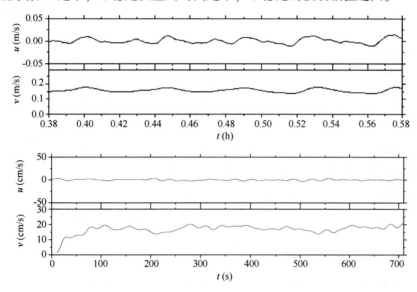

图 6.8 流速 u、v 时间历程和实验结果比较 [$(x, y)=(2.5 \text{ m}, 14.5 \text{ m})$, $M=0.02, f_{cw}=0.001$, IST1H2, $T=1$ s, $H_{rms}=5.63$ cm]

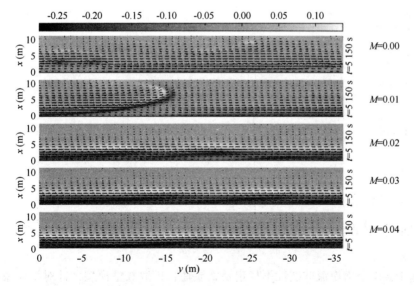

图 6.9 不同侧混系数时的涡旋及流场（$f_{cw}=0.0005$, $t=5150$ s, IST1H2, $T=1$ s, $H_{rms}=5.63$ cm）

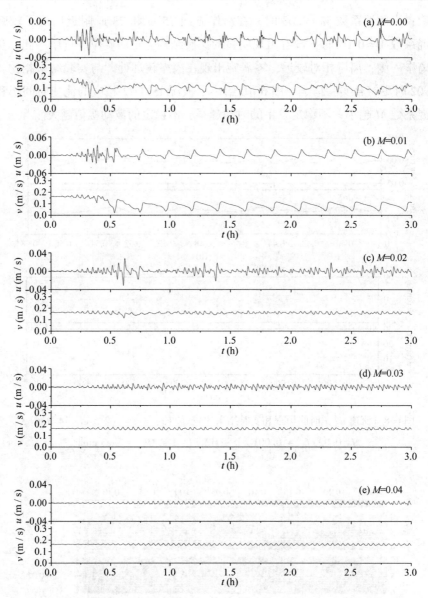

图 6.10　不同侧混系数下的流速 u、v 时间历程 $[(x, y) = (2.5\,m, 14.5\,m)$，
$f_{cw} = 0.000\,5$，IST1H2，$T = 1\,s$，$H_{rms} = 5.63\,cm]$

6.4　实验中沿岸流非线性不稳定特征数值模拟

　　本节基于 6.1 节沿岸流非线性不稳定及物质输移扩散数学模型，针对第 4 章的沿岸流不稳定实验波况（见表 2.1）进行数值模拟。计算模型中初始的速度剖面采用图 5.2 至图 5.5 中的样条拟合曲线。数值模拟采用 6.3 节中讨论得出的物理参数取值，侧混系数 $M =$

0.02，对于 1：40 坡度情况，不规则波作用下底摩擦系数 $f_{cw} = 0.001$，规则波作用下底摩擦系数 $f_{cw} = 0.007$；对于 1：100 坡度情况，规则波取底摩擦系数 $C_f = 0.003$，不规则波取底摩擦系数 $C_f = 0.0001$。本节首先给出沿岸流非线性不稳定的演化过程，然后针对线性不稳定阶段的墨水运动状态进行数值模拟，以进一步验证本模型模拟实验情况的可靠性，最后分别从坡度、波高和不规则波三个方面来阐述它们对沿岸流非线性不稳定的影响。

6.4.1 沿岸流非线性不稳定演化过程

通过 6.3 节可知道，非线性过程在底摩擦、侧混影响下会出现不同的沿岸流不稳定运动状态，因为本节要应用非线性不稳定模拟实验中出现的非线性现象，所以也会遇到上文所描述出现的各种物理过程。为了给后面的讨论提供一个总的印象，这里通过典型波况模拟结果来显示后面模拟中可能出现的各种沿岸流非线性不稳定运动状态。

下面的计算结果将表明，沿岸流非线性不稳定运动在不同的发展阶段展现不同的特征，可能包含的运动状态有：①线性阶段（线性增长阶段和线性阶段）；②倍周期阶段；③大周期阶段；④波群阶段；⑤不规则运动阶段。下面以 1：40 坡度不规则波 IST1H2 和规则波 RMT3H2 来展现以上不同的不稳定运动状态。其中，第一种波况在 $t = 0.2 \sim 0.5$ h 阶段表现的是线性阶段的特征，在 $t = 2.0 \sim 3.0$ h 阶段表现的是倍周期阶段的特征，在 $t = 5.0 \sim 6.0$ h 阶段表现的是不规则运动阶段的特征。第二种波况在 $t = 0 \sim 2.0$ h 阶段表现的是波群阶段的特征。

图 6.11 至图 6.13 分别给出了上述第一种波况不稳定发展的三个阶段（线性阶段、倍周期阶段和不规则波运动阶段）的时间历程及涡旋。图 6.14 给出了上述第二种波况不稳定发展的波群阶段。由图可见，沿岸流线性阶段是指沿岸流受到扰动之后所产生的不稳定发展的初始阶段，通过在原先稳定均匀沿岸流的基础上加上一个速度扰动，在剪切流的作用下，按照最大不稳定增长模式发展起来的不稳定运动；倍周期阶段是指当不稳定发展到一定阶段之后，会发生涡之间的配对和合并，当相邻涡发生合并后会导致涡的间隔增大 1 倍，波动周期也增大 1 倍；与倍周期阶段类似，还存在大周期阶段，所不同的是其波动周期比倍周期还要大；波群阶段是指不稳定发展到弱非线性阶段，由若干个小波动周期组成一个较大的波动周期；不规则阶段是指不稳定发展到强非线性阶段，流速和相应时刻的涡旋不再保持规律性运动，呈现不规则运动状态。进一步分析可知，线性阶段的流速历程呈等幅、等周期波动（波动周期为 151 s，与第 5 章线性不稳定计算得到的波动周期 156 s 接近），相应的，涡旋沿沿岸方向呈等强度等间距分布；倍周期阶段的流速历程也呈等幅、等周期波动，与线性阶段不同的是，此时的波动周期为线性阶段的 2 倍，相应的涡旋图相对线性阶段表现为涡旋强度增大、涡旋间距增大 1 倍；不规则阶段的流速历程波动周期和幅值都不再保持，表现为无规律波动，相应的，涡旋强度较大且无规律分布；波群阶段的流速历程表现为由若干个小波动周期组成一个较大的波动周期，随着时间的推移能够继续

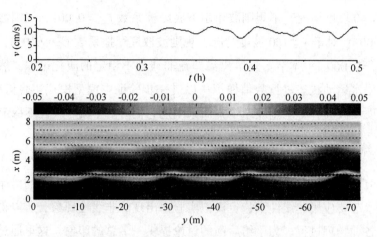

图 6.11　线性阶段流速时间历程（$x = 2.5$ m）及涡旋和流场（$t = 1\,300$ s）

（IST1H2，$T = 1$ s，$H_{rms} = 5.63$ cm）

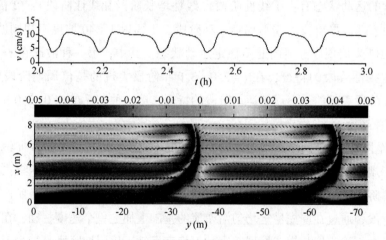

图 6.12　倍周期阶段流速时间历程（$x = 2.5$ m）及涡旋和流场（$t = 8\,300$ s）

（IST1H2，$T = 1$ s，$H_{rms} = 5.63$ cm）

重复这个大的波动周期，在波群阶段某一时刻的涡量类似于线性阶段对应的涡量，这是由于波群是由这些类似线性阶段的小周期波动构成的。

以上不稳定发展的四个阶段并不一定在实验中的每个波况中全部发生，有些波况可能只发生在其中的某一个阶段，有些则可能发生在其中几个阶段。因此，这里给出实验各波况所包含的各不稳定阶段（见表 6.1），这些阶段的出现是依赖于计算参数的，如底摩擦、侧混和计算域长度等，这里给出的仅是根据 6.3 节所选定的底摩擦，侧混以及计算域宽度为 2 倍、不稳定波长条件下的非线性不稳定计算结果。

由上面分析可知，沿岸流非线性不稳定发展过程包含倍周期阶段，其产生的原因是，当不稳定发展到一定阶段之后，会发生涡之间的配对和合并，当相邻涡发生合并后会导致

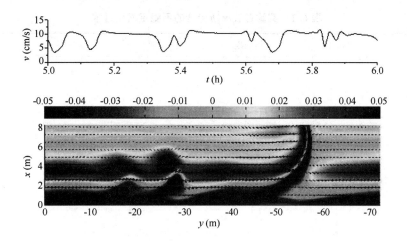

图 6.13　不规则阶段流速时间历程（$x = 2.5$ m）及涡旋和流场（$t = 21\,250$ s）

（IST1H2，$T = 1$ s，$H_{rms} = 5.63$ cm）

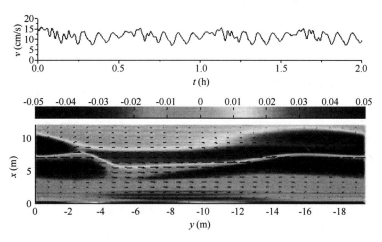

图 6.14　波群阶段流速时间历程（$x = 6.0$ m）及涡旋（$t = 4\,340$ s）

（RMT3H2，$T = 2$ s，$H_{rms} = 4.80$ cm）

涡的间隔增大 1 倍，这一现象在速度及时间历程谱分析结果中表现为峰值频率接近线性不稳定计算所得波动频率的一半，即谱分析得到的波动周期接近线性不稳定计算所得波动周期的 2 倍。表 6.2 给出了实验中出现倍周期的第 Ⅱ 类波动实验谱分析结果（第 4 章）、线性不稳定计算得到的波动周期（第 5 章）的 2 倍结果以及本章非线性不稳定计算得到的倍周期阶段的波动周期的结果比较，该结果可通过 6.4.4 节中波况 IST3H2 和波况 IST3H3 流速时间历程看出，其他波况结果与之类似。结果表明，实验中沿岸流不稳定的确出现了倍周期（大周期）阶段，用本章的非线性不稳定模型能得到与实验较为吻合的结果，最大相对误差为 37%，最小相对误差仅 5%。

表 6.1　实验各波况所包含的不稳定演化过程

波况	线性	倍周期	大周期	波群	不规则
RMT1H1	+				
RMT1H2	+	+			
RMT2H1	+				
RMT2H2	+	+			
RMT3H1	+		+		
RMT3H2	+	+			
IMT1H1	+				
IMT1H2	+	+	+		
IMT2H1	+				
IMT2H2	+			+	+
IMT3H1	+				+
IMT3H2	+				
RST1H1	+				
RST1H2	+	+			
RST1H3	+	+			
RST2H1					（注：稳定）
RST2H2	+	+			
RST2H3	+	+			
RST3H1	+				
RST3H2	+	+			
RST3H3	+	+			
IST1H1	+				+
IST1H2	+		+		+
IST1H3	+				
IST2H1	+	+	+		
IST2H2	+		+		
IST2H3	+		+		+
IST3H1	+		+		+
IST3H2	+		+		+
IST3H3		+	+		+

注："+"表示对应波况不稳定过程包含对应列第一行中所说明的不稳定阶段。

158

表 6.2 非线性不稳定计算得到的波动周期与第 II 类波动实验谱分析结果的比较　　单位：s

波况	IST2H1	IST2H2	IST2H3	IST3H1	IST3H2	IST3H3
	384.6	384.6	370.4	416.7	384.6	416.7
实验结果	344.8	344.8	357.1	344.8	344.8	357.1
	333.3	333.3	344.8	333.3	333.3	344.8
线性理论 （2 倍周期）	292.2	424.4	244.2	377.2	377.4	227.2
非线性理论	360.0	468.0	324.0	396.0	424.0	385.0

6.4.2　线性不稳定阶段墨水运动状态数值模拟及验证

本节针对第 4 章沿岸流不稳定实验中的墨水运动类型 I 进行数值模拟。类型 I 中墨水呈等幅周期波动，对应的沿岸流属于线性不稳定阶段（类型 V 中墨水呈直线运动，对应的沿岸流是稳定的，本章不进行讨论）。本节通过数值模拟重现类型 I 中的墨水运动，以进一步证明本章的数学模型是可靠的，能够重现线性不稳定的结果，并与实验结果吻合良好。本节以类型 I 中波况 RMT1H1 为例，分别从流速时间历程、涡旋和流场、墨水运动序列三方面的数值模拟结果与实验结果进行对比分析。图 6.15 和图 6.16 分别给出了 RMT1H1 沿岸流最大值位置和最大值两侧中值位置处三个点垂直岸方向流速 u 和沿岸方向流速 v 的时间历程的数值计算结果和实验滤波后（低通滤波截断频率为 0.1 Hz）结果。图 6.15 表明，RMT1H1 经过大约 0.3 h 后，发展成具有稳定幅值和周期的不稳定运动。RMT1H1 数值计算得到的不稳定波动周期约为 135 s，与第 5 章线性不稳定的计算结果 144.5 s 较接近，同时与图 6.16 实验时间历程的谱分析结果中占优波动周期 142.9 s 较接近，三者较为吻合。RMT1H1 数值计算结果中沿岸流最大值位置处（$x = 3.5$ m）的沿岸方向流速 u 的波动幅值约为 1.5 cm/s，垂直岸方向流速 v 的波动幅值约为 1.0 cm/s；而相应的实验结果沿岸方向流速 u 的波动幅值约为 3.0 cm/s，垂直岸方向流速 v 的波动幅值约为 1.5 cm/s，比数值计算的波动幅值略大。

图 6.17 给出了 RMT1H1 不稳定发展的不同阶段的涡旋及流场。当 $t = 350$ s 时，还未形成明显的涡旋，正负涡旋还基本呈条状分布，处于不稳定发展的雏形阶段，此时负涡旋分布在近岸一侧，正涡旋紧贴负涡旋分布在离岸一侧，零涡旋分布在离岸较远的地方；当 $t = 700$ s 时，此时处于不稳定发展的增长阶段，沿岸 0.6 m 和 8.6 m 处出现了涡旋隆起结构；当 $t = 750$ s 时，此时沿岸 7.2 m 和 15.2 m 处出现了涡旋隆起结构；由 $t = 700$ s 和 $t = 750$ s 时的涡旋图观察可知，相邻涡旋间距约为 8 m，这与第 5 章线性不稳定计算所得的不稳定波长 8.16 m 接近；进一步观察发现，位于沿岸方向 0.6 m 处的涡旋（$t = 700$ s 时）经 50 s 沿岸传播至 7.2 m（$t = 750$ s 时）附近，计算可得涡旋的传播速度约为 0.13 m/s，这与相应位置处（$x = 4.0$ m）的平均沿岸流速度 0.14 m/s 接近，它并不等于第 5 章线性不

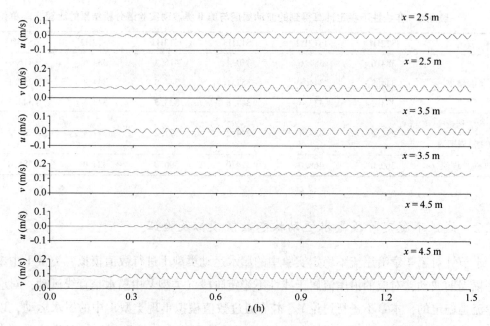

图 6.15　模拟流速 u、v 时间历程计算结果（RMT1H1，$T=1$ s，$H=2.52$ cm）

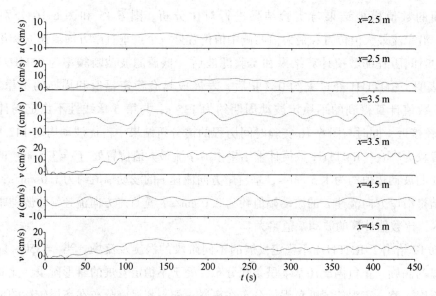

图 6.16　实验流速 u、v 时间历程实验结果（RMT1H1，$T=1$ s，$H=2.52$ cm）

稳定计算的传播速度（$c_r=0.06$ m/s）；随着不稳定的进一步发展，涡旋达到稳定状态，强度比增长阶段 $t=750$ s 时稍大，它们沿岸呈等间距分布，相邻涡旋间距约为 8 m；之后再经过较长的时间到 $t=3\,600$ s，涡旋特征仍和前一个状态（$t=1\,050$ s）一样，这从相应的流速时间历程图（图 6.15）就可看出，从大约 0.3 h 后，不稳定发展呈具有稳定幅值和

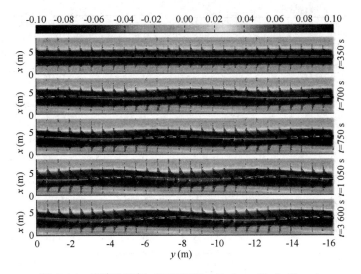

图 6.17 涡旋及流场（RMT1H1，$T=1$ s，$H=2.52$ cm）

周期的不稳定运动，故涡旋此后也不会发生变化，因为它和速度变化是对应的。图 6.17 中叠加的流场也说明了这一点，相应时刻的流场反映了当时的涡旋特征，当涡旋变化较大时，相应的流场也同时发生相应的变化。

图 6.18 给出了数值计算得到的浓度等值线和由相应时刻墨水运动图片处理得到的浓度等值线（处理方法见附录 B）的结果比较。由图 6.18 可见，RMT1H1 数值计算和实验中的墨水均呈周期性波动，其中，数值计算的结果与实验中 166 s 之前的墨水运动形态更为吻合；当实验中墨水投放 466 s 时，其波动幅值明显变小，而数值计算得到的墨水运动波动幅值仍然和之前的一致，这从实验所测的流速时间历程也能反映出来。

通过以上对比分析可知，线性不稳定和非线性不稳定的重要差别在于，线性不稳定的特征是没有发生倍周期、涡的相互作用等非线性特征。在 1∶100 坡度下，RMT1H1 属于线性不稳定发展阶段，没发生倍周期，非线性特征在这里没有体现。需要注意的是，对于有些波况只是初始阶段是线性的，有些大波高（1∶40 坡度下的 RST1H2）经过一定时间会发展成倍周期不稳定运动。因为实验时间有限，所以观察到的是周期波动的线性不稳定现象，故在第 4 章把 RST1H2 归到周期波动一类，但是如果时间足够长，仍会出现倍周期现象。本书因为只考虑实验这一段，所以在这里把 RST1H2 作为线性段。这说明线性不稳定可以作为整个状态出现，也可作为一个发展的初始阶段而存在。

6.4.3 坡度对沿岸流非线性不稳定影响

通过比较发现，1∶100 坡度和 1∶40 坡度情况下的墨水运动状态存在较大区别，为了充分地论证这一影响，在此分别通过 1∶100 坡度规则波 RMT1H2 和 1∶40 坡度规则波 RST1H2 以及 1∶100 坡度不规则波 IMT1H1 和 1∶40 坡度不规则波 IST1H2 的数值计算结

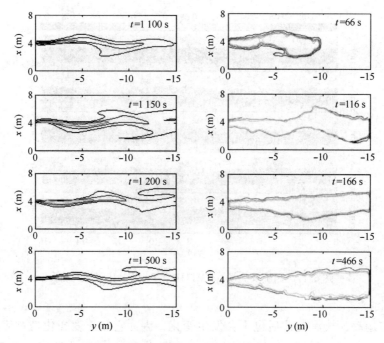

图 6.18　墨水运动序列对比（RMT1H1, T=1 s, H=2.52 cm）

左侧：数值计算等值线；右侧：实验墨水等值线

果和相应的实验结果来阐述坡度的影响。

　　图 6.19 给出了 1∶100 坡度规则波 RMT1H2 不同时刻的涡旋和流场。这些不同时刻的涡旋及相应的流场反映了涡的生成、发展及演化的过程，结果表明，1∶100 坡度规则波情况下出现了集中涡，该涡集中在一个小的椭圆形区域内，它只有一对正涡旋，在发展中期呈等间隔分布，持续时间大约从 250 s 到 470 s。由相邻时刻涡旋的相对位置和间隔时间可知，该集中涡旋的传播速度约为 0.04 m/s（沿岸位置第一个涡旋经 50 s 由 2 m 传播至 5.5 m 附近）。随着不稳定的进一步发展，原来的集中涡开始发生变化，t=700 s 时，原来的集中涡开始发生配对合并，最终发展成一个强度更大的涡（t=1 800 s）。与图 6.19 相对应，图 6.20 给出了 1∶40 坡度规则波 RST1H2 不同时刻的涡旋和流场。与 1∶100 坡度情况不同的是，此时没能形成集中涡，相应的涡旋呈片状分布或沿着条形分布，由 t=1 500 s 和 t= 1 550 s 时的涡旋图可知，该分布形式在不稳定发展初期也呈等间隔分布，涡旋相对强度比 1∶100 坡度对应的集中涡小，因为 1∶100 坡度规则波对应的集中涡周围全是负涡旋，而 1∶40 坡度规则波对应的条形涡变化比较平缓，并且出现了两对，一正一负两个涡旋。由相邻时刻涡旋所走的位置可知（沿岸位置第一个涡旋经 50 s 由 1 m 传播至 8 m 附近），涡旋传播的速度约为 0.14 m/s，这与相应涡旋在垂直岸方向 x=4 m 处的平均沿岸流速度 v=0.15 m/s 接近。

　　进一步分别观察 1∶100 坡度规则波 RMT1H2、1∶40 坡度规则波 RST1H2 沿岸流最大

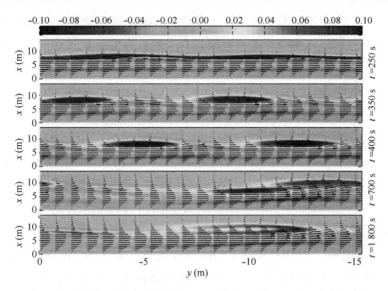

图 6.19　不同时刻的涡旋及流场（RMT1H2，$T=1$ s，$H=4.90$ cm）

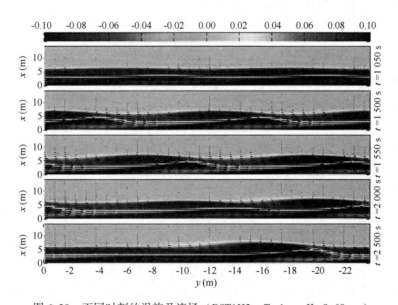

图 6.20　不同时刻的涡旋及流场（RST1H2，$T=1$ s，$H=8.60$ cm）

值位置和最大值中值位置处三个点的垂直岸方向流速 u 和沿岸方向流速 v 的时间历程图（见图 6.21 和图 6.22）发现，1∶100 坡度规则波从 $t=250$ s 开始到 470 s 附近有一个稳定段，这段时间它们的波动周期和幅值相等，对照图 6.19 显示的涡旋图可知，这个稳定段内有集中涡，这段较长时间的稳定段使得涡有足够的时间发展成集中涡；而与之不同的是，1∶40 坡度规则波前期一直在增长，还未经稳定段停留，波动幅值就开始发生变化，这使得1∶40 坡度规则波对应的时间历程没有稳定段，从而不能形成集中涡。因为波动幅值一直在变化，所以只能形成片状分布、相对平缓的连续涡旋，并且是一正一负两对涡旋。观察1：40坡度规则波 RST1H2 的时间历程发现，在 0.6 h 附近，其时间历程发生变化，周期加倍。观察 RST1H2 涡旋图（见图 6.20）中 $t = 2\ 000\ s$ 和 $t = 2\ 500\ s$ 时的涡旋发现，此时相邻涡旋间距发生改变，在 $t = 2\ 500\ s$ 时已合成一个涡旋。而 1：100 坡度也有类似的现象，RMT1H2 涡旋图（见图 6.19）中，在 $t = 700\ s$ 和 $t = 1\ 800\ s$ 时的涡旋也反映了涡的相互作用，相邻涡旋之间距离不再保持恒定不变。

观察 1：100 坡度规则波 RMT1H2 和不规波 IMT1H1 的涡旋和流场图（见图 6.19 和图 6.23）发现，规则波出现集中涡，它只有一对正涡旋，在发展中期呈等间隔分布；而不规则波情况下，相应的涡旋呈片状或条形分布。这是由于不规则波作用下，速度历程没有较长的稳定段，使得它没有足够的时间形成稳定的集中涡结构，而规则波有个稳定段，使得它有时间发展成集中涡。进一步观察 1：40 坡度规则波 RST1H2 和不规则波 IST1H2 的涡旋和流场图（见图 6.20 和图 6.24）发现，不规则波情况下出现了较明显的涡旋结构，类似集中涡，但依然没有形成真正的集中涡；而相应的规则波情况则呈片状分布或条形分布，并且出现了一正一负两对涡旋。

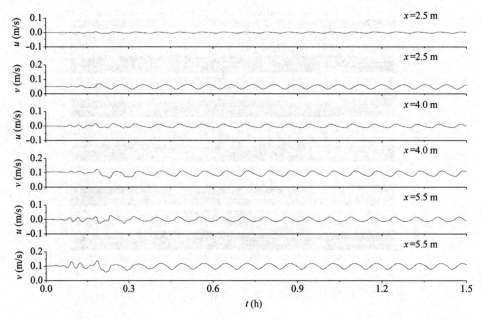

图 6.21　模拟流速 u、v 时间历程（RMT1H2，$T = 1\ s$，$H = 4.90\ cm$）

图 6.25 和图 6.26 分别给出了 1：100 坡度规则波 RMT1H2 和 1：40 坡度规则波 RST1H2 实验测量的流速时间历程及其滤波线（滤波频率为 0.1 Hz），通过与数值计算的流速时间历程图（图 6.21 和图 6.22）对比发现，实验处于非线性发展的初期，大集中涡大部分都没形成，有些刚刚开始形成。RMT1H2 数值计算得到的不稳定波动周期约为 125 s（$t = 0.15\ h$ 之前），第 5 章线性不稳定的计算结果为 114.0 s，图 6.25 实验时间历程的谱分

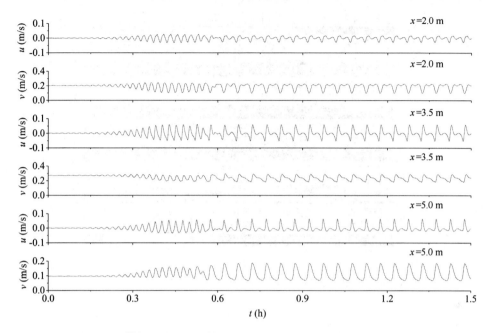

图 6.22 模拟流速 u、v 时间历程（RST1H2，$T=1$ s，$H=8.60$ cm）

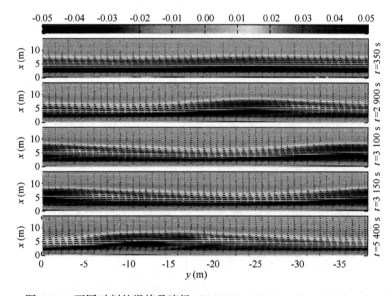

图 6.23 不同时刻的涡旋及流场（IMT1H1，$T=1$ s，$H_{rms}=2.56$ cm）

析结果约为 138.9 s，数值计算与实验谱分析和线性不稳定得到的波动周期较为吻合；RST1H2 数值计算得到的不稳定波动周期约为 80 s（$t=0.53$ h 之前），第 5 章线性不稳定的计算结果为 72.1 s，二者较为吻合。图 6.25 实验时间历程的谱分析结果也包含线性不稳定的波动频率，但受其他因素影响，含有多个波动频率。RMT1H2 数值计算结果中，沿

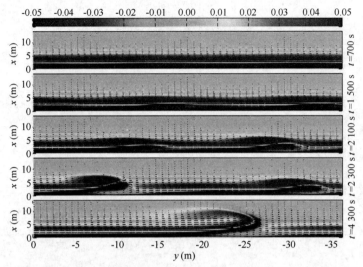

图 6.24　不同时刻的涡旋及流场（IST1H2，$T=1$ s，$H_{rms}=5.63$ cm）

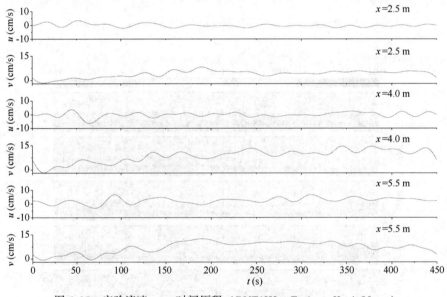

图 6.25　实验流速 u、v 时间历程（RMT1H2，$T=1$ s，$H=4.90$ cm）

岸流最大值位置处（$x=4.0$ m）的沿岸方向流速 u 的波动幅值约为 0.8 cm/s，垂直岸方向流速 v 的波动幅值约为 0.25 cm/s；而相应的实验结果沿岸方向流速 u 的波动幅值约为 2.0 cm/s，垂直岸方向流速 v 的波动幅值约为 1.2 cm/s，比数值计算的波动幅值略大；RST1H2 数值计算结果中，沿岸流最大值位置处（$x=3.5$ m）的沿岸方向流速 u 的波动幅值约为 5 cm/s，垂直岸方向流速 v 的波动幅值约为 2.5 cm/s；而相应的实验结果沿岸方向流速 u 的波动幅值约为 3.0 cm/s，垂直岸方向流速 v 的波动幅值约为 2 cm/s，比数值计算的波动幅值略大。

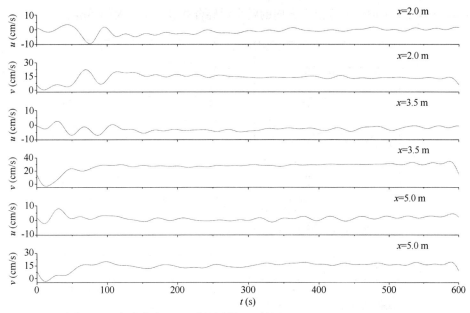

图 6.26 实验流速 u、v 时间历程（RST1H2，$T=1$ s，$H=8.60$ cm）

图 6.27 和图 6.28 分别给出了 1∶100 坡度规则波 RMT1H2 和 1∶40 坡度规则波 RST1H2 对应的墨水运动序列的等值线图和数值计算的等值线图。结果表明，数值计算能重现沿岸流不稳定导致的墨水运动特征。而不同坡度的墨水运动特征也更进一步反映了坡度对沿岸流非线性不稳定的影响。在 1∶100 坡度情况下，规则波波动明显，同时伴随着明显的涡旋运动；而在 1∶40 坡度情况下只有轻微的摆动，看不出涡旋运动。

图 6.23 给出了 1∶100 坡度不规则波 IMT1H1 不同时刻的涡旋和流场，结果表明，1∶100坡度不规则波情况下，相应的涡旋呈片状或条形分布；图 6.24 给出了 1∶40 坡度不规则波 IST1H2 不同时刻的涡旋和流场，与 1∶100 坡度情况不同的是，此时 1∶40 坡度出现了更明显的涡旋结构，类似集中涡。

进一步观察 1∶100 坡度不规则波 IMT1H1 和 1∶40 坡度不规则波 IST1H2 沿岸流最大值位置和最大值前后中值位置处三个点的垂直岸方向流速 u 和沿岸方向流速 v 的时间历程图（见图 6.29 和图 6.30）发现，1∶100 坡度不规则波没有较长的稳定段，使得它没有足够的时间形成稳定的集中涡结构，对照图 6.23 显示的涡旋图可知，这期间的涡旋一直处于缓慢变化状态，使得其涡旋呈片状或条状分布；而 1∶40 坡度与之不同，1∶40 坡度不规则波出现了相对较长时间的稳定段（$t=0.3\sim0.5$ h），这使得 1∶40 坡度不规则波反而有充足的时间形成明显的涡旋结构，但它依然没能形成集中涡，原因可能是 1∶40 坡度破波带比较窄，使涡旋的发展受到一定的限制。进一步观察图 6.30 中流速时间历程发现，在 $t=0.6$ h 附近，最大一个特征是波长变长了。与之对应的涡旋图（见图 6.24）表明，此时涡旋发生变化，涡旋不再像稳定段那样保持等间距匀速沿岸传播，它开始改变传播速度并与沿岸的其他涡旋发生相互作用，至 $t = 4\ 300$ s 时，原来沿岸方向的两个涡旋合并成一个更大的涡旋。

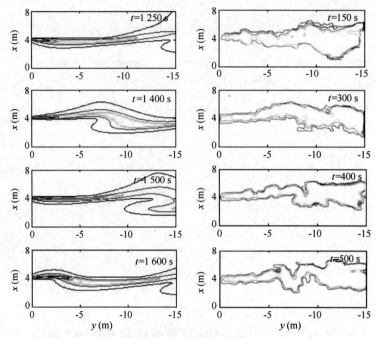

图 6.27　墨水运动序列对比（RMT1H2，$T = 1$ s，$H = 4.90$ cm）

左侧：数值计算；右侧：实验结果

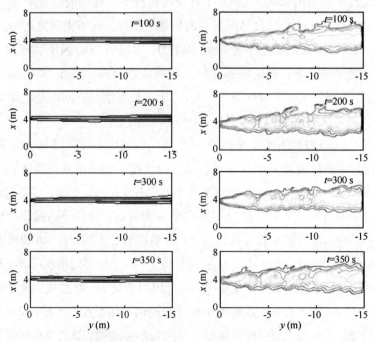

图 6.28　墨水运动序列对比（RST1H2，$T = 1$ s，$H = 8.60$ cm）

左侧：数值计算；右侧：实验结果

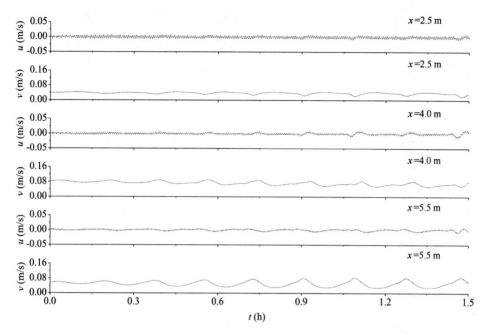

图 6.29　模拟流速 u、v 时间历程（IMT1H1，$T=1$ s，$H_{rms}=2.56$ cm）

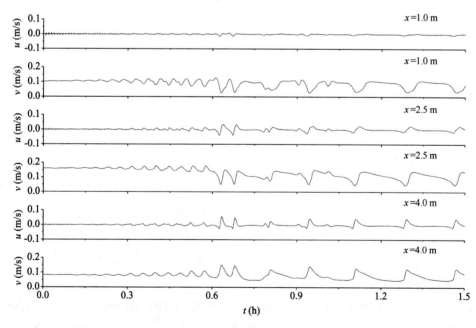

图 6.30　模拟流速 u、v 时间历程（IST1H2，$T=1$ s，$H_{rms}=5.63$ cm）

　　图 6.31 和图 6.32 分别给出了 1∶100 坡度不规则波 IMT1H1 和 1∶40 坡度不规则波 IST1H2 的实验测量的流速时间历程及其滤波线（滤波频率为 0.1 Hz），通过与数值计算的

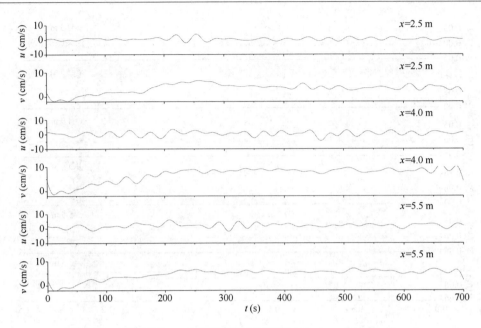

图 6.31　实验流速 u、v 时间历程（IMT1H1，$T=1$ s，$H_{rms}=2.56$ cm）

流速时间历程图（见图 6.29 和图 6.30）对比发现，实验处于非线性发展的初期，大集中涡大部分都没形成，有些刚刚开始形成。IMT1H1 数值计算得到的不稳定波动周期约为 500 s，第 5 章线性不稳定的计算结果为 388.7 s，图 6.31 实验时间历程的最大熵谱估计分析结果为 416.7 s，三者比较接近；IST1H2 数值计算得到的不稳定波动周期约为 162 s（$t=$ 0.53 h 之前），第 5 章线性不稳定的计算结果为 156.0 s，图 6.32 实验时间历程的最大熵谱估计分析结果为 163.9 s，三者比较接近。IMT1H1 数值计算结果中，沿岸流最大值位置处（$x=4.0$ m）的沿岸方向流速 u 的波动幅值约为 1 cm/s，垂直岸方向流速 v 的波动幅值约为0.9 cm/s；而相应的实验结果表明，沿岸方向流速 u 的波动幅值约为 2.0 cm/s，垂直岸方向流速 v 的波动幅值约为 1.5 cm/s，比数值计算的波动幅值略大；IST1H2 数值计算结果中，沿岸流最大值位置处（$x=2.5$ m）的沿岸方向流速 u 的波动幅值约为 1.2 cm/s（$t=$ 0.6 h 之前），垂直岸方向流速 v 的波动幅值约为 2.0 cm/s；而相应的实验结果表明，沿岸方向流速 u 的波动幅值约为 1.1 cm/s，垂直岸方向流速 v 的波动幅值约为 2.5 cm/s，与数值计算的波动幅值接近。

图 6.33 和图 6.34 分别给出了 1∶100 坡度不规则波 IMT1H1 和 1∶40 坡度不规则波 IST1H2 对应的墨水运动序列的等值线图和数值计算的等值线图。结果表明，数值计算能重现沿岸流非线性导致的墨水运动特征。而不同坡度的墨水运动特征也更进一步反映了坡度对沿岸流非线性不稳定的影响。在 1∶40 坡度情况下，不规则波波动明显，同时伴随着明显的涡旋运动；而 1∶100 坡度情况下的波动相对较弱。

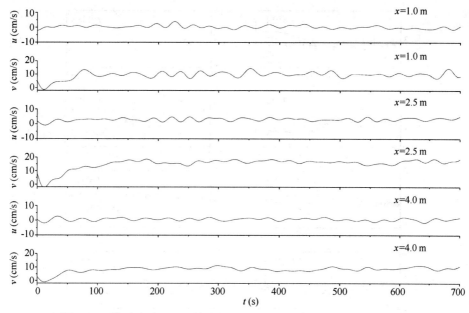

图 6.32　实验流速 u、v 时间历程（IST1H2，$T=1$ s，$H_{rms}=5.63$ cm）

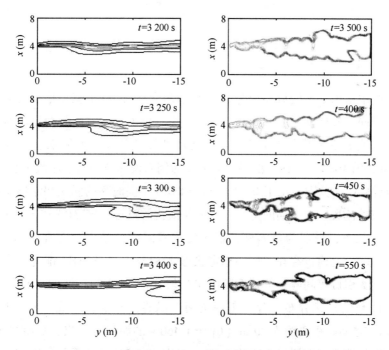

图 6.33　墨水运动序列对比（IMT1H1，$T=1$ s，$H_{rms}=2.56$ cm）

左侧：数值计算；右侧：实验结果

171

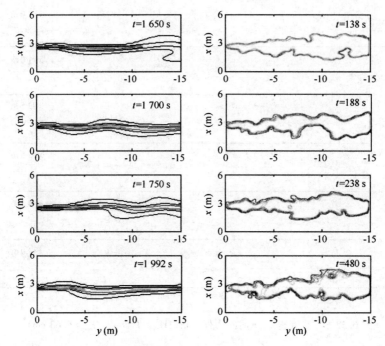

图 6.34　墨水运动序列对比（IST1H2，$T=1$ s，$H=5.63$ cm）

左侧：数值计算；右侧：实验结果

6.4.4　波高对非线性不稳定影响

　　第 4 章实验中给出了不同波高情况下墨水运动所反映的沿岸流不稳定运动特征。通过比较发现，对于同一种坡度而言，波高越大，墨水不稳定运动特征越明显。本节通过数值模拟来研究不同波高情况下沿岸流不稳定的运动特征及其导致的墨水运动特征，这里以 1：40 坡度不规则波 IST3H1、IST3H2 和 IST3H3 为例来说明波高对沿岸流不稳定的影响。

　　图 6.35 至图 6.37 分别给出了 IST3H1 至 IST3H3 不同时刻的涡旋和流场。这些不同时刻的涡旋及相应的流场反映了涡的生成、发展及演化的过程。IST3H1 在 $t=1$ 440 s 之前的沿岸流处于稳定状态，表现为负涡旋、正涡旋和零涡旋呈条形分布在近岸至离岸一侧；IST3H2 在 $t=2$ 400 s 之前也存在类似的稳定状态。IST3H1 和 IST3H2 都有一个规则涡沿岸传播过程，表现为涡旋等间隔、等强度的沿岸均匀分布。IST3H1 和 IST3H2 在此阶段的涡旋呈轻微向上隆起的条状分布，含一正一负两个涡旋，并没有形成非常明显的集中涡。IST3H1 相邻涡旋之间的距离约为 20 m（由 $t=1$ 460 s 的涡旋可看出，从沿岸 5 m 到 25 m 之间）；IST3H2 相邻涡旋之间的距离约为 28 m（由 $t=2$ 500 s 的涡旋可看出，从沿岸 3 m 到 31 m 之间）；这均与第 5 章线性不稳定的波长计算结果（IST3H1，$L=19.0$ m；IST3H2，$L=28.6$ m）接近；而大波高 IST3H3 涡旋变化比较剧烈，没能观察到上述过程。

　　由相邻时刻涡旋的相对位置和间隔时间可知，该集中涡旋的传播速度约为 0.04 m/s

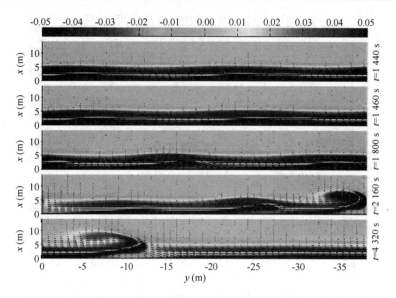

图 6.35 不同时刻的涡旋及流场（IST3H1, $T=2$ s, $H_{rms}=3.38$ cm）

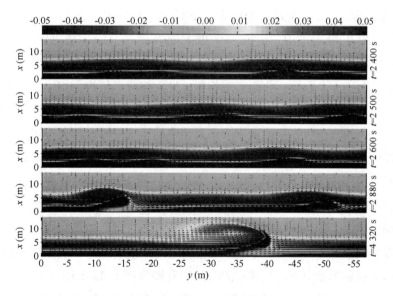

图 6.36 不同时刻的涡旋及流场（IST3H2, $T=2$ s, $H_{rms}=5.71$ cm）

（经 50 s, 沿岸位置第一个涡旋由 2 m 传播至 5.5 m 附近）。随着不稳定的进一步发展, 原来的规则涡开始发生变化, 表现为相邻涡旋之间的距离发生变化, 涡旋的形态也随之发生变化。在 $t=2\,160$ s 时, IST3H1 在沿岸 35 m 附近出现了明显的较大的涡旋, 相应的速度场也剧烈旋转; 在 $t=2\,880$ s 时, IST3H2 在沿岸 13 m 附近也出现了较大涡旋, 与 IST3H1 稍有不同的是, 此时出现了明显的一对正负涡旋, 相应的速度场分别沿逆时针和顺时针两个方向剧烈旋转。IST3H3 则一直处于不规则涡状态, 从 $t=2\,600$ s 和 $t=2\,700$ s 的对比图

173

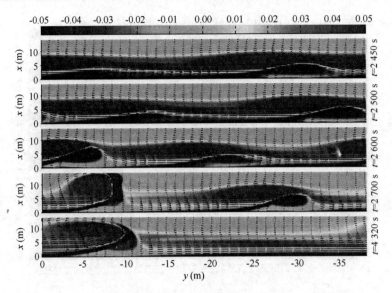

图 6.37　不同时刻的涡旋及流场（IST3H3，$T=2$ s，$H_{rms}=7.20$ cm）

可见，IST3H3 涡旋的强度和范围均明显大于 IST3H1、IST3H2。随着不稳定发展到后期阶段，涡旋之间会发生相互作用，生成一个更大的涡旋并沿岸传播。IST3H1、IST3H2 和 IST3H3 均包含这一过程。从涡旋图来看，在 $t=4\,320$ s 时，IST3H1、IST3H2 和 IST3H3 在沿岸方向均只包含一个大涡旋，它们形态相似，呈大椭圆形结构，相应的速度场表明，该区域内速度发生剧烈旋转。IST3H1、IST3H2 和 IST3H3 之间大椭圆形涡的强度和范围不同。由涡旋中心区的颜色所表示的涡旋大小及相应的速度场的旋转大小可以看出，波高越大，产生的速度场旋转越大，涡旋越强。IST3H1 涡旋发生在距岸线 10 m 以内离岸较近的区域；IST3H2 的涡旋范围扩大到距岸线 14 m 以内；而 IST3H3 的范围更大，其涡旋中心线距岸线已达 10 m，涡旋范围扩大到距岸线 20 m。这些均表明波高越大，产生的涡旋强度和影响范围也越大。

　　进一步观察 IST3H1、IST3H2 和 IST3H3 沿岸流最大值位置和最大值中值位置处三个点的垂直岸方向流速 u 和沿岸方向流速 v 的时间历程图（图 6.38 至图 6.40）发现：IST3H1 和 IST3H2 均有一个相对稳定段（IST3H1 在 $t=0.38\sim0.51$ h，IST3H2 在 $t=0.56\sim0.68$ h），在这个稳定段内，产生的涡旋为规则涡，它们的相邻涡旋呈等强度、等距离分布并沿岸传播，IST3H3 没有相对稳定段，使得它产生的涡旋始终在变化，相邻涡旋并未呈等强度、等距离分布，因为它一直在变化。另外，从 IST3H1、IST3H2 和 IST3H3 后期的时间历程可以看出，它们均发展成倍周期的不稳定形式，观察其波动幅值可以看出，波高越大，波动幅值也越大，这与它们对应的涡量和流场变化一致，涡旋强度和范围也越大。

　　图 6.41 至图 6.43 分别给出了 IST3H1、IST3H2 和 IST3H3 的实验测量的流速时间历程及其滤波线（滤波频率为 0.1 Hz），通过与数值计算的流速时间历程（图 6.38 至图 6.40）

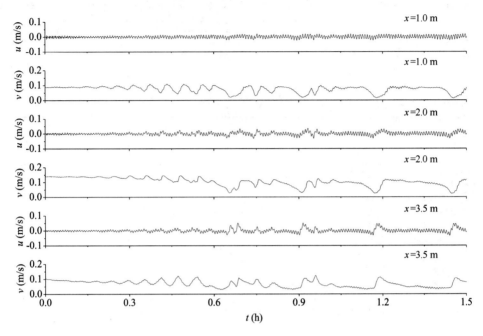

图 6.38 模拟流速 u、v 时间历程（IST3H1，$T=2$ s，$H_{rms}=3.38$ cm）

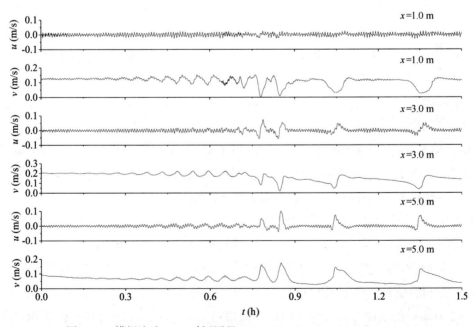

图 6.39 模拟流速 u、v 时间历程（IST3H2，$T=2$ s，$H_{rms}=5.71$ cm）

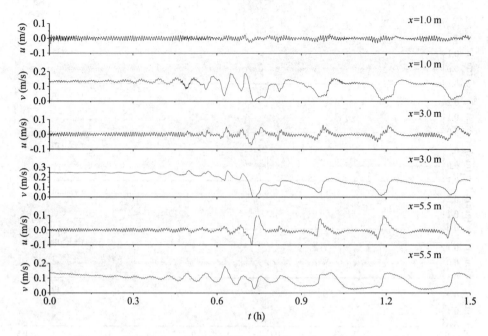

图 6.40　模拟流速 u、v 时间历程（IST3H3，$T=2$ s，$H_{rms}=7.20$ cm）

的对比发现，实验处于非线性发展的倍周期阶段。IST3H1 数值计算得到的不稳定波动周期约为 396 s（$t=0.68\sim0.90$ h），第 5 章线性不稳定的计算结果 188.6 s，图 6.41 实验时间历程的最大熵谱估计分析结果为 344.8 s，实验不稳定波动周期与非线性数值计算结果中倍周期阶段的波动周期接近，约为线性不稳定计算得到的波动周期的 2 倍；IST3H2 数值计算得到的不稳定波动周期约为 360 s（$t=0.85\sim1.05$ h），第 5 章线性不稳定的计算结果 188.7s，图 6.42 实验时间历程的最大熵谱估计分析结果为 344.8 s（见表 4.2），实验不稳定波动周期与非线性数值计算结果中倍周期阶段的波动周期接近，约为线性不稳定计算得到的波动周期的 2 倍；IST3H3 数值计算得到的不稳定波动周期约为 360 s（$t=0.73\sim0.93$ h），第 5 章线性不稳定的计算结果为 113.6 s，图 6.43 实验时间历程的最大熵谱估计分析结果为 357.1 s，实验不稳定波动周期与非线性数值计算结果中倍周期阶段的波动周期接近，比线性不稳定计算得到的波动周期的 2 倍偏大。

　　IST3H1 数值计算结果中，沿岸流最大值位置处（$x=2.5$ m）的沿岸方向流速 u 的波动幅值约为 2.0 cm/s，垂直岸方向流速 v 的波动幅值约为 4.0 cm/s；而相应的实验结果表明，沿岸方向流速 u 的波动幅值约为 3.0 cm/s，垂直岸方向流速 v 的波动幅值约为 4.5 cm/s，与数值计算的波动幅值接近；IST3H2 数值计算结果中，沿岸流最大值位置处（$x=3.0$ m）的沿岸方向流速 u 的波动幅值约为 3.0 cm/s，垂直岸方向流速 v 的波动幅值约为 5.0 cm/s；而相应的实验结果表明，沿岸方向流速 u 的波动幅值约为 4.0 cm/s，垂直岸方向流速 v 的波动幅值约为 4.5 cm/s，与数值计算的波动幅值接近；IST3H3 数值计算结果中，沿岸流最大值位置处（$x=3.0$ m）的沿岸方向流速 u 的波动幅值约为 3.0 cm/s，垂直岸方向流速 v 的波动幅值约为 5.5 cm/s；而相应的实验结果表明，沿岸方向流速 u 的波动幅值约为 3.0 cm/s，垂直岸方向流速 v 的波动幅值约为 4.5 cm/s，与数值计算的波动幅值接近。

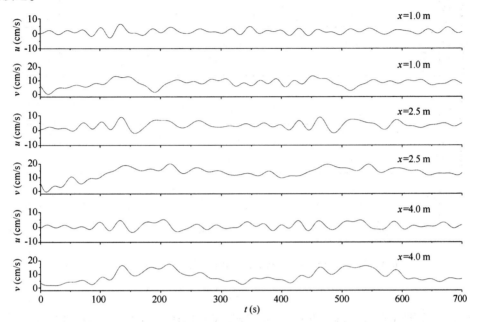

图 6.41　实验流速 u、v 时间历程（IST3H1，$T=2$ s，$H_{rms}=3.38$ cm）

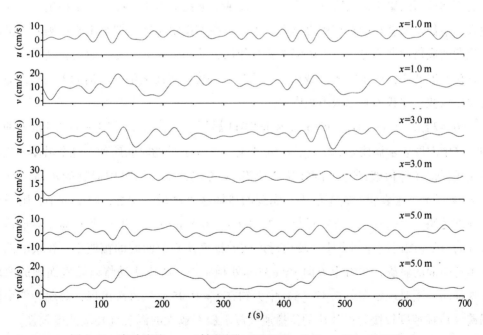

图 6.42　实验流速 u、v 时间历程（IST3H2，$T=2$ s，$H_{rms}=5.71$ cm）

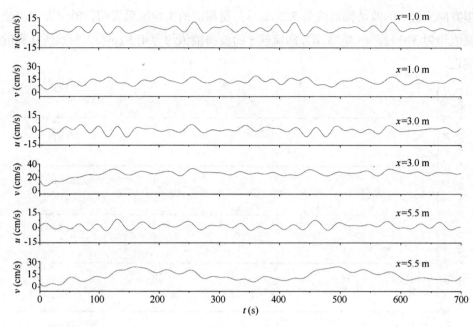

图 6.43　实验流速 u、v 时间历程（IST3H3，$T = 2$ s，$H_{rms} = 7.20$ cm）

　　图 6.44 至图 6.46 分别是 IST3H1、IST3H2 和 IST3H3 对应的墨水运动序列的等值线图和数值计算的等值线图。结果表明，数值计算能基本重现沿岸流非线性导致的墨水运动特征。而不同波高的墨水运动特征也更进一步反映了波高对沿岸流非线性不稳定的影响。波高越大，不稳定强度和影响范围也越大；小波高在不稳定发展初期会出现规则涡，进而慢慢演化发展成倍周期不稳定，发生涡的相互作用，从而生成大涡旋；而大波高对应的不稳定一直在发展变化，很难生成（或历时很短）等强度和等距离沿岸传播的规则涡，通常涡旋变化比较快，比较容易生成不规则涡。

　　图 6.47 给出了 IST3H1、IST3H2 和 IST3H3 涡旋 $q(x_0, y, t)$ 位于 $x_0 = 2.5$ m 处的等值线图，其中左图表示涡旋 $q(x_0, y_0, t)$ 位于 $y_0 = 7.5$ m 处的时间序列。这个沿岸 y 位置也用粗实线标记在等值线图上。涡旋波峰值沿 $-y$ 方向传播，结果中涡旋的传播速度可由 $-\mathrm{d}y/\mathrm{d}t$ 来表示，这表明，斜率越大，涡旋的传播速度越慢，反之，斜率越小，则涡旋的传播速度越快。由图 6.47（a）可见，大约在 $t = 0.8$ h 时，其中一个涡旋突然加速。图 6.47（a）的左图时间序列表明，较快行进波的幅值比它前面波的幅值小。较快的涡旋最终赶上它前面的涡旋，在沿岸方向 $y = -35$ m 处相碰撞。相应扰动将以较慢涡旋的速度传播。这种涡旋配对现象在图 6.47（a）中大约在 $t = 0.95$ h 时再次出现，表现为斜率较小的涡旋（传播速度较快）以较快的传播速度赶上斜率较大的涡旋（传播速度较慢），然后发生碰撞并合并，最终以斜率较大（传播速度较慢）的涡旋沿岸传播。图 6.47（b）同样

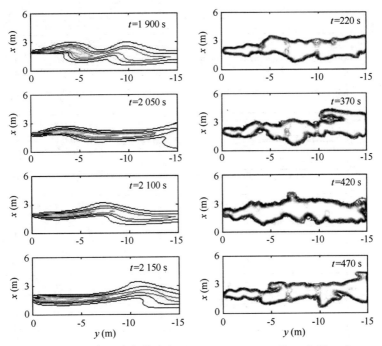

图 6.44　墨水运动序列对比（IST3H1，$T=2$ s，$H_{rms}=3.38$ cm）

左侧：数值计算；右侧：实验结果

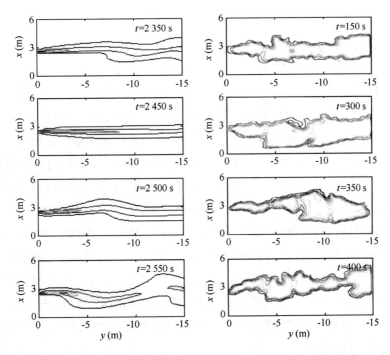

图 6.45　墨水运动序列对比（IST3H2，$T=2$ s，$H_{rms}=5.71$ cm）

左侧：数值计算；右侧：实验结果

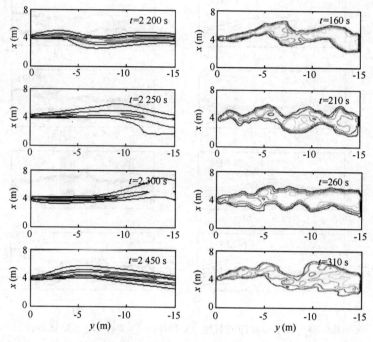

图 6.46　墨水运动序列对比（IST3H3，$T = 2$ s，$H_{rms} = 7.20$ cm）

左侧：数值计算；右侧：实验结果

出现类似的涡旋配对过程，大约在 $t = 0.95$ h 时，在计算域边界处发生碰撞并合并。图 6.47（c）发生类似的涡旋配对过程，大约在 $t = 0.83$ h 时，位于沿岸 $y = -30$ m 处附近。这表明，在不同波高情况下，均可能发生涡旋相互追赶、碰撞和合并的涡旋配对过程。涡旋配对以碰撞的形式发生，大部分能量转移至追踪波，然后以较慢的涡旋速度沿岸传播。进一步观察图 6.47 发现，涡旋配对之后，将以恒定的速度和能量沿岸传播。图 6.47（a）显示，涡旋配对后，涡旋大小 $q \approx -0.1(1/s)$，观察其中一个涡旋沿岸传播的过程发现，从 $t = 1.12$ h 至 $t = 1.39$ h，涡旋传播的距离为 37.95 m，计算可得涡旋配对后的传播速度约为 0.040 m/s。图 6.47（b）显示，涡旋配对后，涡旋大小 $q \approx -0.15(1/s)$，观察其中一个涡旋沿岸传播的过程发现，从 $t = 1.02$ h 至 $t = 1.30$ h，涡旋传播的距离为 57.15 m，计算可得涡旋配对后的传播速度约为 0.056 m/s。图 6.47（c）显示，涡旋配对后，涡旋大小 $q \approx -0.17(1/s)$，观察其中一个涡旋沿岸传播的过程发现，从 $t = 0.94$ h 至 $t = 1.14$ h，涡旋传播的距离为 37.95 m，计算可得涡旋配对后的传播速度约为 0.053 m/s。这表明波高越大，发生涡旋配对后，涡旋的强度越大，但其传播速度与波高之间并不存在明显的对应关系，可能变大，也可能变小。

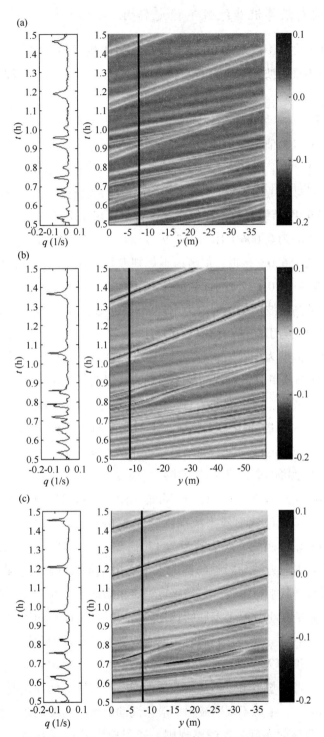

图 6.47　随沿岸长度 y 和时间 t 变化的涡旋 q 等值线图 （$x_0 = 2.5$ m）

（a）：IST3H1；（b）：IST3H2；（c）：IST3H3。左侧为涡旋在 $y_0 = 7.5$ m 处的时间序列

6.4.5 不规则波对沿岸流非线性不稳定影响

本节以 1∶40 坡度下不规则波 IST1H2 和 1∶100 坡度下不规则波 IMT1H2 为例，通过分别考虑和不考虑不规则波辐射应力的波动效应的对比来研究不规则波辐射应力对沿岸流不稳定的影响。

图 6.30 给出了 1∶40 坡度下不规则波 IST1H2 考虑不规则波辐射应力波动效应情况下沿岸流最大值位置和最大值两侧中值位置处三个点的垂直岸方向流速 u 和沿岸方向流速 v 的时间历程；图 6.48 给出了该波况不考虑不规则波辐射应力波动效应情况下的结果。由图 6.30 和图 6.48 可见，考虑不规则波辐射应力的波动效应后，其流速时间历程出现了更多的高频部分。图 6.49 结果表明，在离岸 2.5 m 处，考虑和不考虑不规则波辐射应力的波动影响均能产生峰频为 0.006 1 Hz（163.9 s）的不稳定波动，这与第 5 章线性不稳定计算得到的不稳定周期 156.0 s 接近；但考虑不规则波辐射应力的波动影响还会产生峰频为 0.015 26 Hz（65.5 s）和 0.027 47 Hz（36.4 s）的相对高频波动。进一步与辐射应力的频谱比较发现，相应的高频波动与辐射应力出现的高频一致，这表明，流速中出现的高频部分是由不规则波辐射应力引起的。同时，IST1H2 流速时间历程的谱分析结果显示，除了由不稳定产生的波动周期为 166 s 的波动外，还存在其他高频部分，其离岸距离 3.0 m 和 3.5 m 处产生的高频与这里分析得到的高频相近。这说明不规则波辐射应力也会产生类似不稳定运动的长周期波动，波动周期为 20~100 s。故考虑不规则波辐射应力的波动影响与实验结果更加吻合。IST1H2 不考虑不规则波辐射应力的波动影响的波动周期和波动幅值与考虑不规则波辐射应力的波动影响的结果接近，所不同的是，发生的时间不同，考虑不规则波辐射应力的波动影响会使沿岸流不稳定更快发生，即更早地产生不稳定波动。

图 6.24 和图 6.50 分别给出了考虑与不考虑不规则波辐射应力波动影响时不同时刻的涡旋及流场。考虑不规则波辐射应力波动影响在 2 100 s（0.58 h）时，在沿岸 13 m 和 30 m 附近出现了两对正负涡旋，涡旋间距为 17 m，与线性不稳定计算的波长相近；而此时不考虑不规则波辐射应力波动影响的情况下没有出现明显的涡旋，在沿岸 3 m 和 20 m 附近，原来稳定时呈条状平行岸线分布的正负涡旋稍微向上凸起，表明此时也有相应的小涡旋产生，只是其强度很小，属于发展的初期阶段。其涡旋间距同为 17 m，这与考虑不规则波辐射应力波动影响时一致，它们此时均属于线性不稳定发展阶段。考虑不规则波辐射应力，使得不稳定强度增大，不稳定发展提前。观察图 6.30 和图 6.48 流速时间历程发现：在 2 100 s 附近，考虑与不考虑不规则波辐射应力波动影响两种情况下均出现等幅、等周期波动，所不同的是，考虑不规则波辐射应力波动影响时的波动幅值更大，这使得其在涡旋图上表现出更明显的涡旋。考虑不规则波辐射应力波动影响时在 2 300 s（0.64 h）时，涡旋特性发生改变，不再保持 2 100 s 时的那种规则涡形态，相邻涡间距发生改变，前后涡旋形态及强度也不一样。位于沿岸 9 m 附近的一对正负涡旋更集中，呈团状，位于

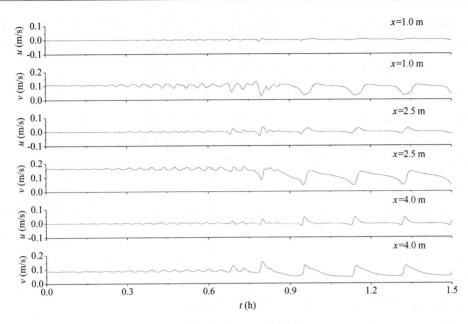

图 6.48　不考虑辐射应力波动影响时模拟流速 u、v 时间历程（IST1H2，$T=1$ s，$H_{rms}=5.63$ cm）

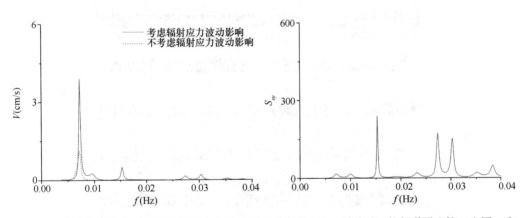

图 6.49　考虑与不考虑不规则波辐射应力波动影响时离岸 2.5 m 处流速 v 的频谱图比较（左图）和
不规则波辐射应力频谱图（右图）（IST1H2，$T=1$ s，$H_{rms}=5.63$ cm）

沿岸 31 m 附近的一对正负涡旋仍保持与 2 100 s 时相似的形态；而此时不考虑不规则波辐射应力波动影响的情况仍和之前一样，属于发展的初期阶段，形成非常弱的规则的小涡旋，匀速、等间距地沿岸传播。观察图 6.30 和图 6.48 流速时间历程发现：在 2 300 s 附近，考虑不规则波辐射应力波动影响时，速度波动幅值突然明显增大，而不考虑不规则波辐射应力波动影响时，没有发现这一明显过程，这进一步解释了 2 300 s 时考虑不规则波辐射应力波动影响时涡旋强度突然变大，形态也更趋于团状，而不考虑不规则波辐射应力时仍没有发生明显变化。随着不稳定发展到大周期不稳定阶段（4 300 s），考虑与不考虑不规则波辐射应力波动影响时，二者均出现了一个大涡旋，形态相似，但考虑不规则波辐射应力波动影响时，其涡旋中心区的强度要大于不考虑不规则波辐射应力波动影响时的结果。另外，考虑不规则波辐射应力波动影响时，大涡旋位于沿岸 24 m 附近，而不考虑不规则波辐射应力波动影响时，大涡旋位于沿岸 18 m 附近，这表明考虑不规则波辐射应力比不考虑不规则波辐射应力先发生倍周期不稳定。此时观察图 6.30 和图 6.48 流速时间历程发现：在 4 300 s 附近，考虑与不考虑不规则波辐射应力波动影响均处于沿岸流大周期不稳定阶段，此时二者的流速历程相似，这使得相应的涡旋图及涡旋形态也相似，考虑不规则波辐射应力波动影响时速度波动幅值稍大，这使得相应的涡旋图中的涡旋也稍大。另外考虑不规则波辐射应力波动影响时，时间历程上表现出不稳定发生倍周期的时间更短（不考虑不规则波辐射应力的波动效应流速时间历程出现倍周期的时间约在 0.82 h 处，而考虑不规则波辐射应力的波动效应流速时间历程出现倍周期的时间约在 0.71 h 处），这在涡旋图上表现为同一时刻，考虑不规则波辐射应力的波动效应产生的涡旋发生在沿岸方向更远的地方，这是因为此时它有更多的时间沿岸方向传播。

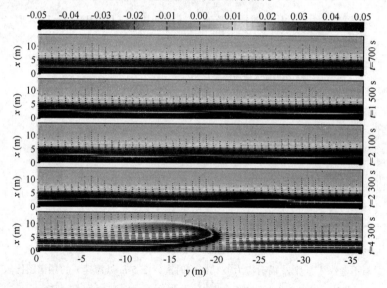

图 6.50　不考虑辐射应力波动影响时涡旋及流场（IST1H2，$T=1$ s，$H_{rms}=5.63$ cm）

　　图 6.34 和图 6.51 分别给出了 IST1H2 考虑与不考虑不规则波辐射应力波动影响时墨水运动序列的等值线图和数值计算的等值线图。结果表明，考虑与不考虑不规则波辐射应力波动影响两种情况下，均能呈现实验中墨水运动的大周期摆动，但考虑不规则波辐射应力波动影响时，数值结果与实验结果吻合更好。考虑不规则波辐射应力波动影响时，数值计算结果能较好地再现实验中的墨水运动状态，尤其是墨水运动前期（300 s 以内）。

　　图 6.52 给出了 1∶100 坡度下不规则波 IMT1H2 考虑与不考虑不规则波辐射应力的波动效应情况下的沿岸流最大值位置和最大值两侧中值位置处三个点的垂直岸方向流速 u 和

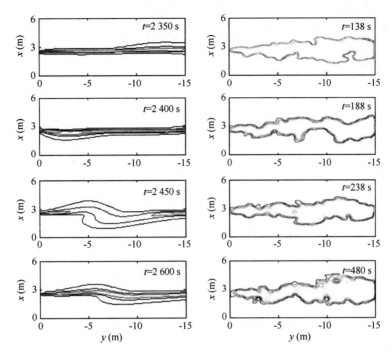

图 6.51　墨水运动序列对比（IST1H2，$T=1$ s，$H=5.63$ cm）
左侧：数值计算（不考虑不规则波辐射应力）；右侧：实验结果

沿岸方向流速 v 的时间历程。由图 6.52 可见，考虑不规则波辐射应力的波动效应后，其流速时间历程出现了更多的高频部分。图 6.53 给出了考虑与不考虑不规则波辐射应力波动影响时离岸 4.0 m 处流速 v 的频谱图比较及相应的波动辐射应力频谱图，结果表明，考虑不规则波辐射应力的波动影响和不考虑不规则波辐射应力的波动影响均能产生峰频 0.003 Hz（333.3 s）的不稳定波动，这与第 5 章线性不稳定计算得到的不稳定周期 346.8 s 接近；但考虑不规则波辐射应力的波动影响还会产生峰频为 0.018 31 Hz（54.6 s）和 0.027 47 Hz（36.4 s）的相对高频波动。进一步与辐射应力的频谱比较发现，相对高频波动与辐射应力出现的高频一致，这表明流速中出现的高频部分是由不规则波辐射应力引起的。第 4 章中 IMT1H2 的流速历程的谱分析结果表明，实验中除了由不稳定产生的波动周期约为 384.6 s 的波动外，还存在其他高频部分，相应地高频主要集中在 $0.015\sim0.03$ Hz 区间，此区间与辐射应力得到的波动频率区间一致，这说明不规则波辐射应力也会产生类似不稳定运动的长周期波动，波动周期为 $20\sim100$ s。故考虑不规则波辐射应力的波动影响与实验结果更加吻合。

图 6.52 也给出了 IMT1H2 实验测量的流速时间历程及其滤波线（滤波频率为 0.1 Hz），通过与数值计算的流速时间历程对比发现，实验处于非线性发展的初期，大集中涡大部分都没形成，有些刚刚开始形成。IMT1H2 数值计算（考虑不规则波辐射应力的波动影响）得到的不稳定波动周期约为 333 s（$t=1.04$ h 之前），第 5 章线性不稳定的计算

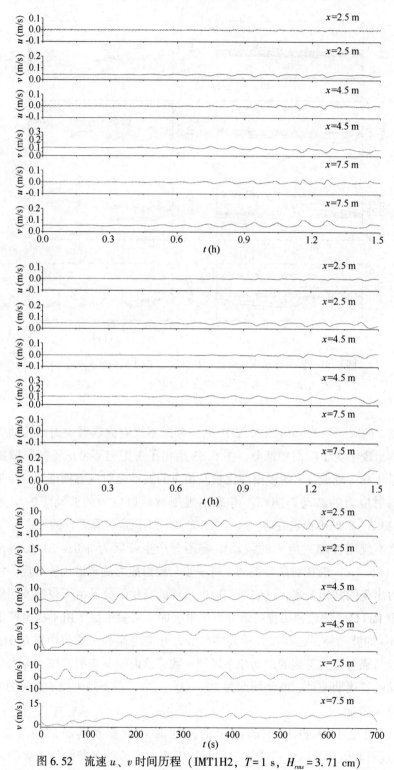

图 6.52　流速 u、v 时间历程（IMT1H2，$T=1$ s，$H_{rms}=3.71$ cm）

上图：考虑不规则波辐射应力；中图：不考虑不规则波辐射应力；下图：实验测量

186

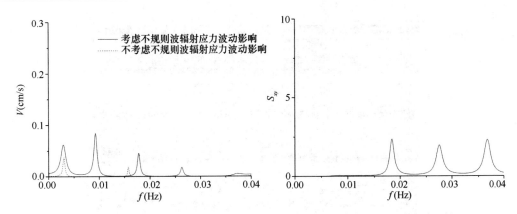

图 6.53　考虑与不考虑不规则波辐射应力波动影响时离岸 4.0 m 处流速 v 的

频谱图比较（左图）和不规则波辐射应力频谱图（右图）（IMT1H2，$T=1$ s，$H_{rms}=3.71$ cm）

结果为 346.8 s，IMT1H2 实验时间历程的谱分析结果为 384.6 s，三者较为吻合；IMT1H2 数值计算结果（考虑不规则波辐射应力的波动影响）中，沿岸流最大值位置处（$x=4.0$ m）的沿岸方向流速 u 的波动幅值约为 1 cm/s，垂直岸方向流速 v 的波动幅值约为 2 cm/s；而相应的实验结果显示，沿岸方向流速 u 的波动幅值约为 1.0 cm/s，垂直岸方向流速 v 的波动幅值约为 1.2 cm/s，二者较为接近。IMT1H2 不考虑不规则波辐射应力的波动影响的波动周期和波动幅值与考虑不规则波辐射应力的波动影响的结果接近，所不同的是发生的时间不同，考虑不规则波辐射应力的波动影响会使沿岸流不稳定更快发生，即更早地产生不稳定波动。

　　图 6.54 给出了 IMT1H2 下考虑与不考虑不规则波辐射应力波动影响时不同时刻的涡旋及流场。考虑不规则波辐射应力波动影响在 $t=3\,000$ s（0.83 h）时，在沿岸 6 m 和 33 m 附近出现了两对正负涡旋，涡旋间距为 27 m，与线性不稳定计算的波长（24.17 m）相近；而此时不考虑不规则波辐射应力波动影响在沿岸 3 m 和 30 m 附近也出现了两对正负涡旋，涡旋间距也为 27 m，只是其强度相对考虑不规则波辐射应力波动影响时更小，它们此时均属于线性不稳定发展阶段。考虑不规则波波辐射应力，使得不稳定强度增大，不稳定发展提前。观察图 6.52 流速时间历程发现：在 $t=3\,000$ s 附近，考虑与不考虑不规则波辐射应力波动影响均等幅、等周期波动，所不同的是，考虑不规则波辐射应力波动影响时的波动幅值更大，这使得其在涡旋图上表现出更明显的涡旋。在 $t=4\,000$ s 时，考虑与不考虑不规则波辐射应力波动影响与 $t=3\,000$ s 时类似，所不同的是，此时前后两个涡旋相对 $t=3\,000$ s 时考虑与不考虑不规则波辐射应力波动影响，均分别明显增强，且沿岸较远处的涡旋强度稍大于沿岸较近的涡旋，这表明这段时间不稳定一直处于缓慢增长期，沿岸较远的涡旋由于经历的时间相对更长，故涡旋强度相对更大。这在图 6.52 流速时间历程上表现为：在 $t=4\,000$ s 附近，流速的波动幅值相对 $t=3\,000$ s 时有了较大的增长。在 $t=5\,000$ s 时，考虑不规则波辐射应力波动影响时，涡旋特性发生改变，不再保持 $t=4\,000$ s 之前的

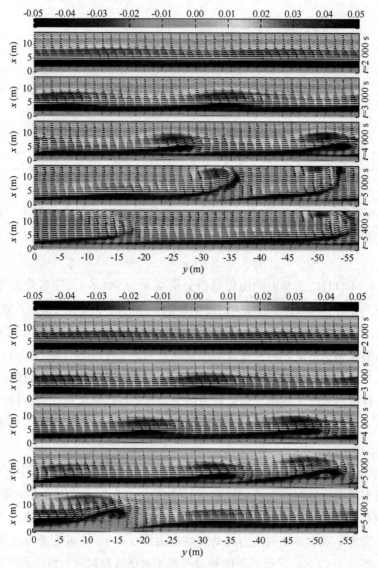

图 6.54　不同时刻的涡旋及流场（IMT1H2，$T = 1$ s，$H_{rms} = 3.71$ cm）

上图：考虑不规则波辐射应力；下图：不考虑不规则波辐射应力

那种规则涡形态，相邻涡间距发生改变，前后涡旋形态及强度也不一样：位于沿岸 33 m 和 51 m 附近的两对正负涡旋剧烈旋转，呈团状，有离岸运动的趋势，相邻两个涡旋中心区离岸的距离也不再一致，沿岸 51 m 附近的涡旋中心区距离岸线 15 m，而沿岸 33 m 处的涡旋中心区距离岸线 11 m，涡旋间距由原来的 27 m 缩短为 18 m；此时不考虑不规则波辐射应力波动影响时，涡旋形态没有发生明显改变，涡旋强度稍有增大，相邻涡旋间距却明显变短，由原来的 27 m 缩短为 18 m。这在图 6.52 流速时间历程上表现为：在 $t = 5\,000$ s 附近，流速发生了较大的变化，不稳定处于倍周期发展阶段，使得相邻涡间距发生明显变化。在 t = 5 400 s 时，考虑与不考虑不规则波辐射应力波动影响，沿岸方向均出现一个明显的大涡旋，所不同的是，考虑不规则波辐射应力波动影响形成的大涡旋更加集中，强度更大，且离岸运动趋势更明显。这在流速时间历程上表现为考虑与不考虑不规则波辐射应力波动影响，它们均经过了一个倍周期过程，发生了涡旋配对合并过程。图 6.55 和图 6.56 分别给出了 IMT1H2 考虑与不考虑不规则波辐射应力波动影响时墨水运动序列的等值线图和数值计算的等值线图。结果表明，考虑与考虑不规则波辐射应力波动影响均能呈现实验中墨水运动所呈现的大周期摆动，但考虑不规则波辐射应力波动影响时，数值结果与实验结果的吻合情况相对更好。

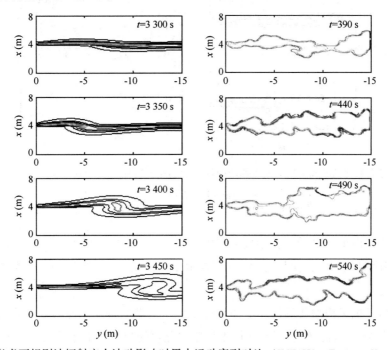

图 6.55　考虑不规则波辐射应力波动影响时墨水运动序列对比（IMT1H2，T = 1 s，H_{rms} = 3.71 cm）

左侧：数值计算；右侧：实验结果

6.5　小结

本章采用沿岸流不稳定运动非线性数学模型对实验中出现的沿岸流不稳定运动进行了数值模拟，分别给出了非线性不稳定的演化过程以及不同坡度、波高和不规则波对沿岸流不稳定和墨水运动的影响，主要结论如下。

（1）不规则波辐射应力的近似计算方法计算所得的波能和辐射应力能重现精确计算方法所得到的波能和辐射应力结果，表现为相应位置附近的波能和辐射应力大小和波动趋势比较吻合。

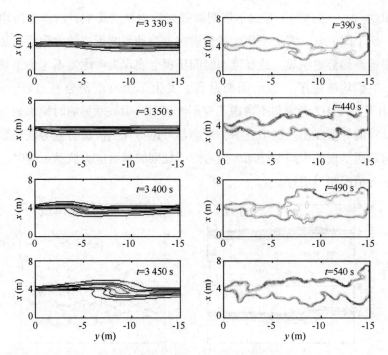

图 6.56 不考虑不规则波辐射应力波动影响时墨水运动序列对比（IMT1H2，$T = 1$ s，$H_{rms} = 3.71$ cm）

左侧：数值计算；右侧：实验结果

（2）非线性模拟结果受计算参数的影响。底摩擦系数 f_{cw} 越小，沿岸流越早发生不稳定，相应时刻涡旋结构也更明显；侧混系数 M 越小，不稳定发生的时间越早，不稳定的波动幅值越大。

（3）数值模拟了模型实验沿岸流非线性不稳定运动的特征。针对实验情况，讨论了非线性不稳定的特征，首先给出了非线性不稳定演化可能出现的五个阶段（线性阶段、倍周期阶段、大周期阶段、波群阶段以及不规则阶段），然后针对波高的影响、坡度的影响和不规则波的影响分别进行了讨论：1∶100 坡度非线性不稳定特征存在较强的集中涡，而 1∶40 坡度情况下的涡旋强度较小；波高越大，不稳定强度和影响范围也越大；考虑不规则波辐射应力波动影响时，不稳定强度增大，不稳定发展提前，不稳定发展成倍周期阶段的时间提前，相应的强度也有所增大，且在流速时间历程中会产生频率在 $0.025 \sim 0.04$ Hz 左右的相对高频部分。

7　结论与展望

近岸水动力学问题中较为突出的问题之一是关于沿岸流的问题，这是因为沿岸流是研究沿岸泥沙运动和污染物扩散等相关研究的基础。目前对于沿岸流不稳定运动的实验研究还相对较少，尤其是缓坡地形条件下的沿岸流不稳定运动的实验研究。本书通过对缓坡平均沿岸流和沿岸流不稳定运动的实验和数值研究，得到了缓坡地形条件下不同于陡坡情况下的平均沿岸流速度分布特征及其对应的沿岸流不稳定运动特征，同时也发现了波高在缓坡情况下的分布特征。

7.1　结论

（1）本书进行了 1∶100 坡度和 1∶40 坡度平均沿岸流的物理模型实验，结果发现：1∶100 坡度平均沿岸流海岸一侧分布呈下凹趋势，而相应的，1∶40 坡度呈上凸趋势。此外，在缓坡情况下，波浪破碎后，波高呈下凹趋势，坡度越缓，波高下凹的趋势越明显；与波高情况对应的是，在缓坡情况下，波浪增减水向岸增长趋势逐渐变缓，并不呈线性增长趋势，坡度越缓，波浪增减水向岸增长趋势越缓。

（2）为了模拟缓坡情况下的平均沿岸流分布特征，本书提出了新的流底摩擦系数 $f_c = C_f(h_b/h)$ 以及改进的 Dally 波能耗散，很好地再现了缓坡情况下实验中出现的平均沿岸流速度分布及波高分布特征。模拟过程中考虑了模型中不同模型参数（侧混、水滚、底摩擦和波高）对平均沿岸流速度分布的影响。采用加权插值的形式给出了缓坡地形下一般的底摩擦系数表达式 f_{cw}，从而能够更广泛地应用于一般缓坡。为了更好地模拟缓坡情况下的波高分布（与二次破碎有关），本书采用 Dally 波能耗散并进行了三点改进：①将 Dally 等[96]提出的能量耗散率 ε_b 中 $E_s c_g$ 对应的波群传播速度 c_g 取为破波带宽度一半时对应的波群传播速度 c_{gb}；②将当地的水深 h 用当地的浅水波长 $\sqrt{gh}\,T$ 来表达；③对于不规则波，当其均方根波高 $H_{rms} > H_{rms}^R$ 时，能量耗散率 ε_b 按 Roelvink 模型计算，当其均方根波高 $H_{rms} < H_{rms}^R$ 时，能量耗散率 ε_b 按改进后的 Dally 波能耗散 ε_b 来计算。采用改进后的 Dally 波能耗散，能较好地模拟出缓坡波高的变化。

（3）本书进行了沿岸流不稳定运动实验，通过流速时间历程和墨水运动来反映沿岸流不稳定运动特性，从沿岸流不稳定谱特征和墨水运动特征两方面详细分析了实验结果：实验中沿岸流不稳定出现多个波动频率的原因主要有四类，包含由线性不稳定引起、非线性不稳定倍周期阶段引起、平均沿岸流沿岸不均匀引起以及其他涡运动等的影响引起。1∶100

坡度规则波作用下产生的沿岸流存在明显的周期摆动情况，而 1：40 坡度规则波小波高作用下的摆动不明显，但大波高作用下能基本重现 1：100 坡度情况下出现的周期波动的不稳定特征。相对于规则波而言，不规则波产生的墨水摆动有点紊乱，大波高发生破碎时，会打散原来墨水的摆动形状，使得不规则波作用下墨水扩散相对规则波作用下的墨水扩散更离散，且墨水轮廓线更不光滑。波高越大，非线性不稳定运动越明显，涡旋也越明显。

（4）1：40 坡度由于平均沿岸流速度剖面只在离岸一侧含有一个拐点，使得其线性不稳定结果只含后剪切模式；1：100 坡度由于平均沿岸流最大值向岸一侧存在拐点，使得其线性不稳定结果包含前剪切和后剪切两个模式，对应不稳定增长率曲线上的峰值对应三种情况。①不稳定增长率曲线有两个较大峰值，占优峰由前剪切和后剪切共同作用形成，小峰由后剪切或前剪切作用形成；②不稳定增长率曲线只有一个较大峰值，其他峰值相对很小，该较大峰值由前剪切和后剪切共同作用形成；③不稳定增长率曲线只有一个较大峰值，其他峰值相对很小，该较大峰值由后剪切作用形成。考虑底摩擦的影响并不会改变不稳定的波动周期；随着底摩擦的增大，考虑底摩擦时会使原来较小的不稳定增长率峰值消失或者逐渐向占优的不稳定增长率峰值接近。

（5）本书数值模拟了模型实验沿岸流非线性不稳定运动的特征。针对实验情况，讨论了非线性不稳定的特征，首先给出了非线性不稳定演化可能出现的五个阶段（线性阶段、倍周期阶段、大周期阶段、波群阶段以及不规则阶段），然后针对波高的影响、坡度的影响和不规则波的影响分别进行了讨论：1：100 坡度非线性不稳定特征存在较强的集中涡，而 1：40 坡度情况下的涡旋强度较小；波高越大，不稳定强度和影响范围也越大；考虑不规则波辐射应力波动影响时，不稳定强度增大，不稳定发展提前，不稳定发展成倍周期阶段的时间提前，相应的强度也有所增大，且在流速时间历程中会产生频率在 0.025 ~ 0.04 Hz 左右的相对高频部分。

7.2 创新点

（1）本研究实验结果和数值计算表明，缓坡情况平均沿岸流速度剖面具有与陡坡情况平均沿岸流速度剖面不同的分布特征：前者海岸一侧呈下凹趋势，而后者呈上凸趋势。研究表明，这一不同的分布主要是由不同底摩擦所导致，前者的底摩擦系数依赖于水深，而后者可近似为常数。研究也表明，在缓坡情况下，波高向岸一侧呈下凹变化趋势（与波浪二次破碎有关）也对以上不同速度剖面分布有影响。为了在计算模型中考虑这些因素，本研究对缓坡情况提出了新的底摩擦系数表达式和波能耗散表达式，前者与水深成反比；后者通过对 Dally 型波能耗散进行了三点改进来实现。经过对计算模型进行这样的改进后，所得结果与实验结果符合很好。

（2）实验和数值模拟给出了缓坡情况下沿岸流线性不稳定和非线性不稳定特征。线性分析表明：1∶100 坡度情况下线性不稳定特征同时存在前剪切和后剪切两个模式，其中占优峰由前剪切和后剪切共同作用叠加形成或由后剪切作用形成，占优模式没有独自出现前剪切；而 1∶40 坡度情况下线性不稳定特征只存在后剪切不稳定模式。非线性计算模型重现了线性不稳定部分结果，也展现了实验中观察到的非线性不稳定特征，如倍周期现象和大周期波动。

7.3　局限与展望

本书主要对沿岸流不稳定运动进行了实验研究及理论分析，取得了一些研究成果，但由于时间和精力有限，尚有许多工作需进一步研究和完善。相关的局限以及对今后工作的展望总结如下。

（1）本书主要对沿岸流不稳定运动进行了实验研究，并对其实验结果进行了详细的分析，但对于实验方面还需进行一些改进，具体包括流速时间历程需要测量的再长一些；流速仪可以在沿岸方向布置多一些，以便获得沿岸流不稳定运动频率波数关系；进一步改善实验所得沿岸流的均匀性，如通过水泵精确调节流量加以控制等。

（2）今后应改进沿岸流不稳定运动非线性数学模型，使其能进一步考虑波流相互作用的影响，从而更细致地考虑坡度、波高和不规则波对沿岸流不稳定运动的影响，并将其结果与实验结果进行更详细地对比分析。

参考文献

［1］ 邱大洪. 海岸和近海工程学科中的科学技术问题［J］. 大连理工大学学报，2000，40（6）：631 -637.

［2］ Battjes J. A. Developments in coastal engineering research［J］. Coastal Engineering Journal，2006，53： 121-132.

［3］ Batteen M. L.，Kennedy R. A.，Miller H. A. A process-oriented numerical study of currents，eddies and meanders in the Leeuwin Current System［J］. Deep-Sea Research Part II：Topical Studies in Oceanography，2007，54（8/9/10）：859-883.

［4］ Burchard H.，Craig P. D.，Gemmrich J. R.，et al. Observational and numerical modeling methods for quantifying coastal ocean turbulence and mixing［J］. Progress in Oceanography，2008，76：399-442.

［5］ Fleming C. A.，Swart D. H. New framework for prediction of longshore currents［C］//Proceedings of the 18th Conference on Coastal Engineering. New York：American Society of Civil Engineers，1982.

［6］ Longuet-Higgins M. S.，Stewart R. W. Radiation stresses in water waves：a physical discussion with applications［J］. Deep Sea Research and Oceanographic Abstracts，1964，11（4）：529-562.

［7］ Longuet-Higgins M. S. Longshore currents generated by obliquely incident sea waves 2［J］. Journal of Geophysical Research，1970，75（33）：6790-6801.

［8］ Oltman-Shay J.，Howd P. A.，Birkemeier W. A. Shear instabilities of the mean longshore current 2. field observations［J］. Journal of Geophysical Research，1989，94（C12）：18031-18042.

［9］ Miles J. R.，Russell P. E.，Ruessink B. G.，et al. Field observations of the effect of shear waves on sediment suspension and transport［J］. Continental Shelf Research，2002，22（4）：657-681.

［10］ Russell P. E. Mechanisms for beach erosion during storms［J］. Continental Shelf Research，1993，13 （11）：1243-1265.

［11］ Aagaard T.，Greenwood B. Suspended sediment transport and the role of infragravity waves in a barred surf zone［J］. Marine Geology，1994，118：23-48.

［12］ Smith G. G.，Mocke G. P. Interaction between breaking/broken waves andinfragravity scale phenomena to control sediment suspension transport in the surf zone［J］. Marine Geology，2002，187： 329-345.

［13］ Coco G.，O Hare T. J.，Huntley D. A. Beach cusps：A comparison of data and theories for their formation［J］. Journal of Coastal Research，1999，15（3）：741-749.

［14］ Sanchez M. O.，Losada M. A.，Baquerizo A. On the development of large-scale cuspate features on a semi-reflective beach：Carchuna beach，Southern Spain［J］. Marine Geology，2003，198：209-223.

［15］ Dalrymple R. A. Rip currents and their causes［C］//Proceedings of the 16th Conference on Coastal

Engineering. Hamburg: American Society of Civil Engineers, 1978.

[16] Falqués A., Montoto A., Vila D. A note on hydrodynamic instabilities and horizontal circulation in the surf zone [J]. Journal of Geophysical Research, 1999, 104 (C9): 20605-20615.

[17] Holman R. A., Sallenger A. Setup and swash on a natural beach [J]. Journal of Geophysical Research, 1985, 90 (C1): 945-953.

[18] 冯砚青, 陈子燊. 长重力波运动与近岸过程研究综述 [J]. 海洋通报, 2005, 24 (5): 85-90.

[19] Thornton E. B., Guza R. T. Surf zone longshore currents and random waves: Field data and models [J]. Journal of Physical Oceanography, 1986, 16 (7): 1165-1178.

[20] Visser P. J. Laboratory measurements of uniform longshore currents [J]. Coastal Engineering, 1991, 15 (5/6): 563-593.

[21] Inman D. L., Bagnold R. A. The earth beneath the sea [M]. New York: Interscience Public, 1963.

[22] Brebner A., Kamphus J. W. Model tests on the relationship between deep-water wave characteristics and longshore currents [J]. Coastal Engineering, 1964, 11: 191-196.

[23] Galvin C. J. Longshore current velocity: A review of theory and data [J]. Review Geophysics, 1967, 5: 287-304.

[24] Putnam J. A., W. H. M., Traylor M. A. The prediction of longshore currents [J]. Transactions American Geophysica Union, 1949, 30 (3): 337-345.

[25] Bowen A. J. The generation of longshore currents on a plane beach [J]. Journal of Marine Research, 1969, 27: 206-215.

[26] Thornton E. B. Variation of longshore current across the surf zone [C] //Proceedings of the 12th Conference on Coastal Engineering. Washing, D. C.: American Society of Civil Engineers, 1970.

[27] Galvin C. J., Eagleson P. S. Experimental study of longshore currents on a plane beach [R]. Hydraulic Engineering Reports. Washington D. C.: MIT, 1964.

[28] Komar P. D., Inman D. L. Longshore sand transport on beaches [J]. Journal of Geophysical Research, 1970, 75 (30): 5914--5927.

[29] Basco D. R. Surf zone currents [J]. Coastal Engineering, 1984, 8 (4): 387-389.

[30] Birkemeier W. A., ASCE M., Long C. E., et al. Delilah, duck94 & sandyduck: Three nearshore field experiments [C] //Proceedings of the 25th Conference on Coastal Engineering. Orlando.: American Society of Civil Engineers, 1996.

[31] Brebner A., Kamphuis J. W. Model tests on the relationship between deep-water wave characteristics and longshore currents [C] //Proceedings of the 9th Conference on Coastal Engineering. Lisbon: American Society of Civil Engineers, 1964.

[32] Mizuguchi M., Horikawa K. Experimental study on longshore current velocity distribution [J]. Faculty of Applied Science & Engineering, 1978, 21: 123-149.

[33] Kim K. H., Sawaragi T., I. D. Lateral mixing and wave direction in the wave-current interaction region [C] //Proceedings of the 20th Conference on Coastal Engineering. Taipei: American Society of Civil Engineers, 1986.

[34] Reniers A., Battjes J. A. A laboratory study of longshore currents over barred and non-barred beaches [J]. Coastal Engineering, 1997, 30 (1): 1-21.

[35] Hamilton D. G., Ebersole B. A. Establishing uniform longshore currents in a large-scale sediment transport facility [J]. Coastal Engineering, 2001, 42 (3): 199-218.

[36] Zou Z. L., Wang S. P., Qiu D. H., et al. Longshore currents of regular waves on different beaches [J]. Acta Oceanologica Sinica, 2003, 1 (22): 123-132.

[37] Zou Z. L., Wang S. P., Qiu D. H., et al. Longshore currents of random waves on different plane beaches [J]. China Ocean Engineering, 2003, 2 (17): 265-276.

[38] Kamphuis J. W. Wave-induced circulation in shallow basins: Discussion [J]. Journal of the Waterway Port Coastal and Ocean Division, 1977, 103: 570-571.

[39] Dalrymple R. A., Dean R. G. The spiral wavemaker for littoral drift studies [C] //Proceedings of the 13th Conference on Coastal Engineering. Vancouver: American Society of Civil Engineers, 1972.

[40] Stokes G. G. On the theory of oscillatory waves [J]. Transactions of the Cambridge Philosophical Society, 1847, viii: 411.

[41] 邹志利. 水波理论及其应用 [M]. 北京: 科学出版社, 2005: 21-31.

[42] Bowen A. J., Homman R. A. Shear instabilities of the mean longshore current: 1. Theory [J]. Journal of Geophysical Research, 1989, 94 (C12): 18023-18030.

[43] Putrevu U, Svendsen. I. A. Shear instability of longshore currents: A numerical study [J]. Journal of Geophysical Research, 1992, 97 (C5): 7283-7303.

[44] Dodd N., Oltman-Shay J., Thornton E. B. Shear instabilities in the longshore current: A comparison of observations and theory [J]. Journal of Physical Oceanography, 1992, 22: 62-82.

[45] Dodd N., Thornton E. B. Longshore current instabilities: Growth to finite amplitude [C] // Proceedings of the 23th Conference on Coastal Engineering. Venice: American Society of Civil Engineers, 1992.

[46] Allen J. S., Newberger P. A., Holman R. A. Nonlinear shear instabilities of alongshore currents on plane beaches [J]. Journal of Fluid Mechanics, 1996, 310: 181-213.

[47] Özkan-Haller H. T., Li Y. Effects of wave-current interaction on shear instabilities of longshore currents [J]. Journal of Geophysical Research, 2003, 105 (C5): 3139.

[48] Newberger P. A., Allen J. S. Forcing a three-dimensional, hydrostatic, primitive-equation model for application in the surf zone: 2. Formulation [J]. Journal of Geophysical Research, 2007, 112 (C08019): 1-12.

[49] Kennedy A. B., Zhang Y. The stability of wave-driven rip current circulation [J]. Journal of Geophysical Research, 2008, 113 (C3): doi: 10. 1029/2006JC003814.

[50] Bühler O., Jacobson T. E. Wave-driven currents and vortex dynamics on barred beaches [J]. Journal of Fluid Mechanics, 2001, 449: 313-339.

[51] Chen Q., Kirby J. T., Dalrymple R. A., et al. Boussinesq modeling of longshore currents [J]. Journal of Geophysical Research, 2003, 108 (C11): 3362.

［52］ Terrile E., Brocchini M., Christensen K. H., et al. Dispersive effects on wave-current interaction and vorticity transport in nearshore flows ［J］. Physics of Fluids, 2008, 20: 36602.

［53］ Noyes T. J., Guza R. T., Elgar S., et al. Field observations of shear waves in the surf zone ［J］. Journal of Geophysical Research, 2004, 109 (C1): doi: 10. 1029/2002JC001761

［54］ Reniers A., Battjes J. A., Falques A., et al. A laboratory study on the shear instability of longshore currents ［J］. Journal of Geophysical Research, 1997, 102 (C4): 8597-8609.

［55］ 邹志利, 任春平, 等. 沿岸流不稳定性运动实验研究 ［C］//中国海洋工程学会. 第十二届中国海岸工程学术讨论会论文集, 北京: 海洋出版社, 2005.

［56］ 金红, 邹志利, 等. 波生流对海岸污染物输移的影响 ［J］. 海洋学报 (中文版), 2006, 28 (6): 144-150.

［57］ 任春平. 沿岸流不稳定运动的实验研究及理论分析 ［D］. 大连: 大连理工大学, 2009.

［58］ Ren C. P., Zou Z., Qiu D. H. Experimental study of the instabilities of alongshore currents on plane beaches ［J］. Coastal Engineering, 2011, 59: 72-89.

［59］ 李亮. 沿岸流不稳定运动的数值模拟 ［D］. 大连: 大连理工大学, 2009.

［60］ Dodd N., Thornton E. B. Growth and energetics of shear waves in the nearshore ［J］. Journal of Geophysical Research, 1990, 95 (C9): 16075-16083.

［61］ Dodd N. On the destabilization of a longshore current on a plane beach: Bottom shear stress, critical conditions, and onset of instability ［J］. Journal of Geophysical Research, 1994, 99 (C1): 811-824.

［62］ Dodd N., Iranzo V., Caballeria M. A subcritical instability of wave-driven alongshore currents ［J］. Journal of Geophysical Research, 2004, 109 (C02018): doi: 10. 1029/2001JC00106.

［63］ Slinn D. N., Allen J. S., Newberger P. A., et al. Nonlinear shear instabilities of alongshore currents over barred beaches ［J］. Journal of Geophysical Research, 1998, 103 (C9): 18357-18380.

［64］ Feddersen F. Weakly nonlinear shear waves ［J］. Journal of Fluid Mechanics, 1998, 372: 71-91.

［65］ Özkan-Haller H. T., Kirby J. T. Nonlinear evolution of shear instabilities of the longshore current: A comparison of observations and computations ［J］. Journal of Geophysical Research, 1999, 104 (C11): 25953-25984.

［66］ Haller M. C., Putrevu U., Oltman-Shay J., et al. Wave group forcing of low frequency surf zone motion ［J］. Coastal Engineering Journal, 1999, 41: 121-136.

［67］ Shemer L., Dodd N., Thornton E. B. Slow-time modulation of finite-depth nonlinear water waves: Relation to longshore current oscillations ［J］. Journal of Geophysical Research, 1991, 96 (C4): 7105-7113.

［68］ Falqués A., Iranzo V. Numerical simulation of vorticity waves in the nearshore ［J］. Journal of Geophysical Research, 1994, 99 (1): 825-841.

［69］ Baquerizo A., Caballeria M., Losada M. A., et al. Frontshear and backshear instabilities of the mean longshore current ［J］. Journal of Geophysical Research, 2001, 106 (C8): 16997-17011.

［70］ Özkan-Haller H. T., Kirby J. T. Nonlinear evolution of shear instabilities of the longshore current ［C］. Newark: ProQuest Dissertations Publishing, 1997.

［71］ Shrira V. I., Voronovich V. V., Kozhelupova N. G. Explosive instability of vorticity waves ［J］. Journal of Physical Oceanography, 1997, 27 (4)：542-554.

［72］ Feddersen F., Clark D. B., Guza R. T. Modeling surf zone tracer plumes：1. Waves, mean currents and low - frequency ［J］. Journal of Geophysical Research, 2011, 116 (C11)：doi：10. 1029/2011JC007210.

［73］ Clark D. B., Feddersen F., Guza R. T. Modeling surf zone tracer plumes：2. Transport and dispersion ［J］. Journal of Geophysical Research, 2011, 116 (C11028)：doi：10. 1029/2011JC007211.

［74］ Winckler P., Liu P., Mei C. Advective diffusion of contaminants in the surf zone ［J］. Journal of Waterway, Port, Coastal, and Ocean Engineering, 2013, 139 (6)：437-454.

［75］ 孙涛, 韩光, 陶建华. 波生沿岸流数值模拟研究及其实验验证 ［J］. 水利学报, 2002, (11)：1-7.

［76］ 孙涛, 陶建华. 波浪作用下缓坡近岸海域沿岸流分布影响因素分析 ［J］. 水动力学研究与进展 (A 辑), 2004 (4)：558-564.

［77］ 唐军, 邹志利, 沈永明, 等. 海岸带波浪破碎区污染物运动的实验研究 ［J］. 水科学进展, 2003 (5)：542-547.

［78］ 唐军, 邹志利, 沈永明, 等. 近岸海域波浪场中污染物运动的实验研究 ［J］. 海洋学报 (中文版), 2004 (1)：105-112.

［79］ 唐军, 沈永明, 邱大洪. 近岸波浪破碎区污染物运动的数值模拟 ［J］. 中国工程科学, 2007, (12)：63-68.

［80］ 唐军, 沈永明, 邱大洪. 近岸沿岸流及污染物运动的数值模拟 ［J］. 海洋学报 (中文版), 2008 (1)：147-155.

［81］ 张庆杰. 沿岸流不稳定运动对物质输移的影响 ［D］. 大连：大连理工大学, 2008.

［82］ 邹志利, 李亮, 孙鹤泉, 等. 沿岸流中混合系数的实验研究 ［J］. 海洋学报 (中文版), 2009 (3)：137-148.

［83］ Clark D. B., Feddersen F., Guza R. T. Cross-shore surfzone tracer dispersion in an alongshore current ［J］. Journal of Geophysical Research. 2010, 115 (C10)：doi：10. 1029/2009JC005683.

［84］ Pearson J. M., Guymer I., West J. R., et al. Effect of wave height on cross-shore solute mixing ［J］. Journal of Waterway, Port, Coastal and Ocean Engineering, 2002, 128：10-20.

［85］ 张振伟. 波生流垂向分布规律和模拟 ［D］. 大连：大连理工大学, 2013.

［86］ Duncan J. H. Annual Review of Fluid Mechanics ［J］. Spilling Breakers, 2001, 33：519-547.

［87］ Dalrymple R. A., Eubanks R. A., Birkemeier W. A. Wave - induced circulation in shallow basins ［J］. Journal of the Waterway, Port, Coastal and Ocean Division, 1977, 103 (1)：117-135.

［88］ Svendsen I. A. Wave heights and set-up in a surf zone ［J］. Coastal Engineering, 1984, 8：303-329.

［89］ Jonsson I. G. Wave boundary layers and friction factors ［C］// Proceedings of the 10th Conference on Coastal Engineering. Tokyo：American Society of Civil Engineers, 1996.

［90］ Nielsen P. Coastal bottom boundary layers and sediment transport ［M］. Singapore：World Scientific Pubishing, 1992.

[91] Manning R. On the flow of water in open channels and pipes [J]. Transactions of the Institution of Civil Engineers of Ireland, 1891, 20: 161-207.

[92] Sleath J. F. A. Sea bed mechanics [M]. New York: John Wiley, 1984, 335.

[93] Ruessink B. G., Milesa J. R., Fedderse F., et al. Modeling the alongshore current on barred beaches [J]. Journal of Geophysical Research, 2001, 106 (C10): 22451-22463.

[94] Roelvink J. A. Surf beat and its effect on cross-shore profiles [D]. Delft: Delft University of Technology, 1993.

[95] Battjes J. A., Stive M. J. F. Calibration and verification of verification of a dissipation model for random breaking waves [J]. Journal of Geophysical Research, 1985, 90 (C5): 9159-9167.

[96] Dally W. R, Dean R. G., Dalrymple R. A. Wave height variation a cross beaches of arbitrary profile [J]. Journal of Geophysical Research, 1985, 90 (C6): 11917-11927.

[97] Duncan J. H. An experimental investigation of breaking waves produced by a towed hydrofoil [J]. Proceedings of the Royal Society of London, Series A, 1981, 377 (1770): 331-348.

[98] Deigaard R., Fredsoe J. Shear stress distribution in dissipative water waves [J]. Coastal Engineering, 1989, 13: 357-387.

[99] 孙鹤泉. 基于图像分析的非接触测量方法在水工模型实验中的应用研究 [D]. 大连: 大连理工大学, 2004.

[100] 孙鹤泉, 沈永明, 邱大洪, 等. 波流实验中的图像处理技术 [J]. 水利水电科技进展, 2004 (4): 37-39.

[101] 彭石, 邹志利. 海岸裂流的浮子示踪法实验测量 [J]. 水动力学研究与进展 (A 辑). 2011 (6): 645-651.

[102] 杨秉正, 杨艺洁. 最大熵法海浪谱估计 [J]. 重庆交通学院学报, 1986 (1): 104-110.

[103] 中国电子仪器仪表学会信号处理学会. 振动数字信号处理程序库 [M]. 北京: 科学出版社, 1988.

[104] Faria A. F. G., Thornton E. B., et al. Vertical profiles of longshore currents and related bed shear stress and bottom roughness [J]. Journal of Geophysical Research, 1998, C2 (103): 3217-3232.

[105] Wang P., Ebersole B. A., Smith E. R., et al. Temporal and spatial variations of surf-zone currents and suspended sediment concentration [J]. Coastal Engineering, 2002, 46: 175-211.

[106] Shen L. D., Zou Z. L. A theoretical solution to dispersion coefficients in wave field [J]. Ocean Engineering, 2014, 88: 342-356.

[107] Elder J. W. The dispersion of marked fluid in Turbulent shear flow [J]. Journal of Fluid Mechanics, 1959, 5: 544-560.

[108] Van Rijn L. C. Sedimentation of dredged channels by currents and waves [J]. Journal of Waterway, Port, Coastal and Ocean Engineering, 1986, 112 (5): 541-559.

[109] 俞聿修. 随机波浪及其工程应用 [M]. 大连: 大连理工大学出版社, 2003.

[110] Wilmott C. J. On the validation of models [J]. Physical Geography, 1981, 2 (2): 219-232.

[111] George, R., Flick R. E., Guza R. T. Observations of turbulence in the surf zone [J]. Journal of

Geophysical Research, 1994, 99 (C1): 801-810.

[112] Svendsen I. A., Putrevu U. Nearshore mixing and dispersion [J]. Proceedings of the Royal Society of London, Series A, 1994, 445 (1925): 561-576.

[113] Svendsen, I. A., Schaffer H. A., Hansen J. B. The interaction between undertow and boundary layer flow on a beach [J]. Journal of Geophysical Research, 1987, 92 (C11): 11845-11856.

附录 A　波浪和水流共同作用下的底摩擦力

波浪和水流共同作用下的底摩擦力表达式推导可采用下式:

$$\tau_b = \frac{1}{2}\rho f_{cw} u_{cw}^2 \tag{A.1}$$

如图 A.1 所示，考虑水流与波浪夹角为 ϕ_c，水流流速为 u_c，波浪水质点速度为 $u_c = u_{wa}\cos\omega t$，ω 为波浪圆频率，u_{wa} 为波浪水质点速度的幅值。取坐标系的 x 轴沿波浪传播方向。

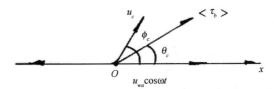

图 A.1　波浪水流共存时速度

在该坐标系中将水流与波浪的速度叠加，得总的速度

$$\boldsymbol{u}_{cw} = (u_{wa}\cos\omega t + u_c\cos\phi_c, \ u_c\sin\phi_c) \tag{A.2}$$

由式 (A.1) 可知，对应的波浪与水流共同作用时的底摩擦力为

$$\boldsymbol{\tau}_b = \rho f_{cw} \mid \boldsymbol{u}_{cw} \mid \boldsymbol{u}_{cw} \tag{A.3}$$

式中，f_{cw} 为波浪与水流共同作用时底摩擦系数。

在弱水流情况 ($u_c \ll u_{wa}$) 下，对波流共同作用下的速度幅值，可采用以下近似计算:

$$\begin{aligned}
\mid u_{cw} \mid &= \left[(u_{wa}\cos\omega t + u_c\cos\phi_c)^2 + (u_c\sin\phi_c)^2 \right]^{1/2} \\
&\approx \left[(u_{wa}\cos\omega t)^2 + 2u_{wa}u_c\cos\phi_c\cos\omega t \right]^{1/2} \\
&= u_{wa} \mid \cos\omega t \mid \left(1 + \frac{2u_c\cos\phi_c}{u_{wa}\cos\omega t} \right)^{1/2} \\
&\approx u_{wa} \mid \cos\omega t \mid \left(1 + \frac{u_c\cos\phi_c}{u_{wa}\cos\omega t} \right)
\end{aligned} \tag{A.6}$$

上式中忽略了 u_c^2 项，因为 $u_c \ll u_{wa}$。同理，由上式结果得

$$\begin{aligned}
\mid \boldsymbol{u}_{cw} \mid \boldsymbol{u}_{cw} &= u_{wa} \mid \cos\omega t \mid \left(1 + \frac{u_c\cos\phi_c}{u_{wa}\cos\omega t} \right)(u_{wa}\cos\omega t + u_c\cos\phi_c, \ u_c\sin\phi_c) \\
&\approx u_{wa}^2 \mid \cos\omega t \mid \left(\cos\omega t + 2\frac{u_c}{u_{wa}}\cos\phi_c, \ \frac{u_c}{u_{wa}}\sin\phi_c \right)
\end{aligned} \tag{A.7}$$

上式忽略了 $(u_c/u_{wa})^2$ 项。代入式（A.3）得

$$\tau_b = (\tau_{bx},\ \tau_{by}) \tag{A.8a}$$

$$\tau_{bx} = \rho f_w u_a^2 \mid \cos\omega t \mid \left(\cos\omega t + 2\frac{u_c}{u_{wa}}\cos\phi_c\right) \tag{A.8b}$$

$$\tau_{by} = \rho f_w u_a^2 \mid \cos\omega t \mid \left(\frac{u_c}{u_{wa}}\sin\phi_c\right) \tag{A.8c}$$

下面求 $\overline{\tau}_b$ 的时间平均值 θ_c，注意到

$$\overline{\mid \cos\omega t \mid \cos\omega t} = 0,\ \overline{\mid \cos\omega t \mid} = \frac{2}{\pi} \tag{A.9}$$

有

$$\overline{\tau}_b = \rho f_{cw} u_c u_{wa} = (2\cos\phi_c,\ \sin\phi_c)/\pi \tag{A.10}$$

由此可确定 $\overline{\tau}_b$ 的方向 θ_c，即

$$\tan\theta_c = \frac{\sin\phi_c}{2\cos\phi_c} = \frac{1}{2}\tan\phi_c \tag{A.11}$$

将上式运用至波生沿岸流中，将水流速度 u_c 取为沿岸流速度 v。当波浪入射角为 α 时，沿岸流沿岸方向速度 v 与波浪的夹角 $\phi_c = \pi/2-\alpha$，所以此时 $\sin\phi_c = \cos\alpha$；沿岸流垂直岸方向速度 u 与波浪的夹角 $\phi_c = \alpha$，所以此时 $\cos\phi_c = \cos\alpha$。又因为在波浪入射角为较小 α 时（一般从波浪破碎点向岸这一条件成立），$\cos\alpha = 1$，同时为了与以往他人对沿岸流的推导一致，采用 $\rho f_c u_c^2$ 的底摩擦力形式，实现这一点只需将式（A.10）的结果乘以 2，从而由式（A.10）可知：

$$\overline{\tau}_{bx} = \frac{2}{\pi}\rho f_{cw} u_c u_{wa}(2\cos\phi_c) = \frac{2}{\pi}\rho f_{cw} u u_{wa}(2\cos\alpha) = \frac{4}{\pi}\rho f_{cw} u_{wa} u \tag{A.12a}$$

$$\overline{\tau}_{by} = \frac{2}{\pi}\rho f_{cw} u_c u_{wa}(\sin\phi_c) = \frac{2}{\pi}\rho f_{cw} u u_{wa}(\cos\alpha) = \frac{2}{\pi}\rho f_{cw} u_{wa} v \tag{A.12b}$$

附录 B　墨水图像处理方法

实验所获得的 CCD 图像序列隐含物质输移扩散的重要特征，通过 CCD 图片得到所需要的信息具有广泛的应用价值。通过对 CCD 墨水图像的处理，可以得到墨水运动的浓度等值线和中心线。利用 Matlab 强大的函数工具箱所提供的内建函数，经图像形态学处理平滑墨水图像轮廓，融合窄小缺口，降低了环境和设备所带来的干扰噪音；用曲面拟和克服了图片灰度突变所造成的等浓度线中含较多毛刺的缺陷，从而得到光滑的等浓度线、浓度中心线和轮廓线，具体过程如下。

1. 墨水图像浓度轮廓线和中心线

（1）获得关注的墨水图像区域

由于 CCD 得到的墨水图像中墨水处于运动状态，要从中检测出墨水区域，本书采用了背景差法来实现这一点。背景差法是目前运动的图像检测中的常用方法，它是利用含有运动目标的当前图像与背景图像的差来检测运动区域。具体做法是：用事先存储或者实时得到背景图像构造背景图像，将当前含有运动目标的图像帧和背景图像相减：

$$D_k(x, y) = | f_k(x, y) - B_k(x, y) | \tag{B.1}$$

其中，$B_k(x, y)$ 和 $f_k(x, y)$ 分别为背景图像灰度值和运动图像对应的灰度值，$D_k(x, y)$ 为二者之差的绝对值，结果如图 B.1 所示。由图可知，这样处理后的图像［图 B.1（c）］墨水部分与环境实现了很好的分离，并被反白显示。

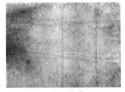
(a) 背景帧
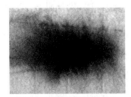
(b) 当前帧

(c) 做差后图像

图 B.1　背景差法实验数据与处理结果

Matlab 实现方法：首先利用 imread 命令读取图像文件，利用 rgb2gray 命令将采集得到的 rgb 图像转化为灰度 gray 图像，利用 imcrop 命令裁减图像，得需要关注的区域部分。利用差函数 imsubstract 和 imabsdiff 将待处理图像与背景图像相减，去除背景的影响，得到差影图。

（2）墨水图像去噪和增强

CCD 图像在生成、获取和传输等过程中，受照明光源性能、成像系统性能、通道带宽和噪声等诸多因素的制约，往往造成对比度偏低、清晰度下降，并存在干扰噪声。为了改善图像质量，必须增强图像的清晰度。一般来说，图像的边缘和噪声都对应于图像傅立叶变换的高频分量，而低频分量主要决定图像在平滑区域中总体灰度级的显示，故被低通滤波的图像比原图像少一些尖锐的细节部分。同样，被高通滤波的图像在图像的平滑区域中将减少一些灰度级的变化并突出细节部分。为在增强图像细节的同时尽量保留图像的低频分量，本书采用基于照度–反射模型的同态滤波增强方法来去除干扰、增强图像清晰度。

利用高斯同态滤波器，消除水面波动和光照不均的影响，得到去除背景信息和环境干扰后的规一化的墨水图像，由图 B.2 可知，经同态滤波后的图像比之前的图像灰度层次更鲜明。

(a) 滤波前图像   (b) 同态滤波后图像

图 B.2　同态滤波前后图像比较

（3）墨水图像浓度轮廓线

墨水图像浓度轮廓线反映了物质输移的范围和形状。经同态滤波后的墨水图像很好地实现了与背景的分离，此时进一步对该图像进行边缘检测处理，通过图像二值化可得到物质输移扩散的浓度轮廓线，即利用图像的浓度灰度直方图，根据一给定阈值进行分割，小于阈值的点作为背景，将灰度值取为 0（黑色），反之，作为污染物经过的区域，将灰度值取为 1（白色），灰度值为 1 的区域的边界线即为浓度轮廓线。

得到的二值化图像还可能包含过小的灰度值为 0 的区域，需进一步进行平滑图像的轮廓，融合窄小缺口和细长的弯口，去掉小洞，填补轮廓上的缝隙，得到具有单一区域的完好二值图像，Matlab 实现过程用到的主要函数为 Bwareaopen 和 Imclose，Bwareaopen 用于从对象中移除小对象；Imclose 用于对图像实现闭运算，闭运算也能平滑图像的轮廓，但与开运算相反，它一般融合窄小缺口和细长的弯口，去掉小洞，填补轮廓上的缝隙。

经上述图像形态学处理，可以得到去除干扰的完整二值图像，具体见图 B.3（a）。对二值图像检测边界可得输移物质的轮廓线，具体见图 B.3（b）。

（4）墨水图像浓度中心线

墨水图像浓度中心线反映了墨水运动趋势和主流轨迹。二值图像细化处理，可以很好地得到物质输移的骨架，包括中心线和分枝。所谓细化就是不断地将边界线转化为内域点，使边界逐步向域内收缩，直到将区域收缩为若干线条（线条上仅包含一个像素），从而得到图像的骨架。但由于墨水图像扩散边缘不是光滑的，导致图像在细化过程中不可避

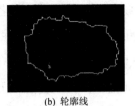

(a) 二值图像　　　　　　　　　　(b) 轮廓线

图 B.3　二值化图像及其对应轮廓线

免地出现毛刺、分枝等信息，如图 B.4（a）所示，破坏了中心线的单向一致性。为了克服这一问题，这里采用基于曲线追踪技术的剪枝算法，对所得图像骨架进行剪枝，以使剪枝后的骨架仅由一条主干中心线构成，如图 B.4（b）所示。

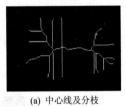
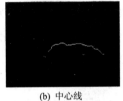

(a) 中心线及分枝　　　　　　　　(b) 中心线

图 B.4　二值图像细化骨架及剪枝后图像

以上剪枝处理的原理是：首先，找到图像骨架曲线的分叉点和曲线分枝的端点，这类点的类型如图 B.5 所示。其次，搜索每个端点至最近分叉点的距离，若小于设定阈值，则删除。适当选择阈值可以使这样处理后的骨架曲线只有一个分叉点，此时可选取最长的一个曲线分枝作为主干，然后比较其他两个分枝与该主干分枝法线的夹角，保留夹角最大的分枝，取这一分枝与原主干分枝一起构成新的主干分枝。这样得到的主干分枝实际上还不是整个的主干分枝，因为在前面的剪枝过程中已经把与该主干相连的分枝裁减掉了，所以下一步的工作是将这些分枝重新找回，选取与主干分枝法向夹角最大的分枝，与主干分枝一起作为最后的主干分枝。

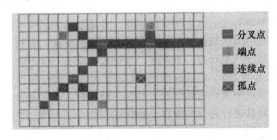

图 B.5　点的类型

通过 bwmorph 命令将二值图像细化，得尝试中心线，即污染物框架图，可以表征污染物扩散过程中污染物主干部分的形状变化，结果如图 B.4（a）所示。

2. 墨水图像浓度等值线和图像校正

（1）墨水图像灰度拟合和等浓度线

由于外界环境如光线、灰尘、信号干扰以及 CCD 感光等因素的影响，使得采集到的墨水图片灰度等并非成为理想中的光滑曲面，少数像素位置灰度有较大突变［如图 B.6（a）所示］，这使得由该曲面得到的等浓度线不光滑，有较多毛刺［如图 B.6（c）所示］。故为了得到光滑的等浓度线，需要运用样条函数进行曲面拟合，得到光滑的灰度分布［如图 B.6（b）所示］。在此基础上可得到光滑的等浓度线［如图 B.6（d）所示］。

Matlab 主要实现过程：利用 contour 命令，得处理后的浓度等值线图。该命令语法格式为：[C, h] = contour (Z, n)，其中，Z 为待处理图像矩阵，n 为等值线条数，C 为返回浓度值。原始灰度图灰度分布有少数突变部分，需对此进行光滑处理。用最小二乘法拟合生成样条函数进行曲面拟合，得到光滑的灰度分布，最终结果如图 B.6（d）所示。

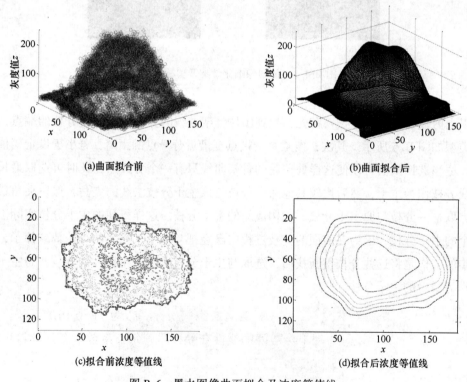

图 B.6　墨水图像曲面拟合及浓度等值线

（2）墨水图像空间变换

前面几个步骤所得到的墨水扩散轮廓线、中心线和等值线均基于图像像素坐标。而这里所需要的是实际空间坐标。但由于 CCD 镜头并非完全垂直于水面，由它拍摄所得到的图像与正拍所得到的图像存在一定的角度变形（如图 B.7 所示）。故在图像上的坐标和真实的物理坐标之间存在一定的非线性转化关系，本书利用前人等提出的方法进行了图像像素坐标和实际空间坐标的转换，处理过程如下。

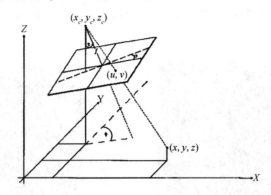

图 B.7 镜头、图像平面与真实物理坐标之间的直线对应关系

当镜头没有发生畸变时，图像坐标与正交的物理坐标之间存在直线对应关系，即物理坐标上直线上的点在图像平面内仍保持在一条直线上。

图中，镜头位置 (x_c, y_c, z_c)、图像坐标 (u, v) 以及空间坐标点 (x, y, z) 三者之间的关系可由下式表达：

$$u - u_0 = -C_u\left[\frac{m_{11}(x - x_c)\,m_{12}(y - y_0) + m_{13}(z - z_0)}{m_{31}(x - x_c)\,m_{32}(y - y_0) + m_{33}(z - z_0)}\right] \tag{B.2}$$

$$v - v_0 = -C_v\left[\frac{m_{21}(x - x_c)\,m_{22}(y - y_0) + m_{23}(z - z_0)}{m_{31}(x - x_c)\,m_{32}(y - y_0) + m_{33}(z - z_0)}\right] \tag{B.3}$$

式中，m_{ij} 为 11 个由方向余弦表达的参数。

Abel-Aziz 和 Karara 提出了直接线性变换，将上面的两个方程进行了线性化，把其中的 11 个参数组合成线性系数：

$$L_1x + L_2y + L_3z + L_4 - uL_9x - uL_{10}y - uL_{11}z = u \tag{B.4}$$

$$L_5x + L_6y + L_7z + L_8 - vL_9x - vL_{10}y - vL_{11}z = v \tag{B.5}$$

式中，(u, v) 为图像坐标，(x, y, z) 为真实空间坐标。L_n 为 11 个 DLT 系数，这些 DLT 系数定义了图像坐标与物理坐标之间的线性变换，尽管每个系数本身并没有物理意义，但可以通过方程（B.4）和方程（B.5）求解这些系数，并利用这些系数完成像素坐标到物理坐标的转换。方程的求解可以通过一些已知空间坐标点及其对应的图像坐标来完成。这样的点称为控制点。因为未知 DLT 系数有 11 个，可以选取 6 个控制点，将其真实空间坐标和对应的像素坐标代入方程就能确定。

在本书中，海岸地形地面上 1 m 间隔的坐标格子顶点可以作为以上变换需要的控制点。在港池内没有水时，用 CCD 采集一帧地形的图片，找出其上坐标格子的顶点的图像坐标（之所以采集时不能有水是为了避免光线折射的影响）。假设在静水平面内 $z = 0$，将控制点的三维空间坐标代入坐标变换方程后，可实现坐标之间的转换。图 B.8 给出了变换前和变换后的图像对比，图中虚线为正交校正参考线，实线为原始地面上的格子线，经比较可知，校正后的格子与参考线更为吻合，变形较小，从而很好地实现了从像素坐标到物理空间坐标的转化。

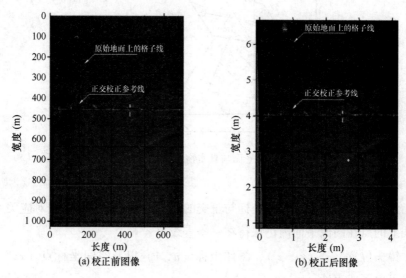

图 B.8　校正前、后图像对比

经过以上步骤便可得到最终需要的墨水轮廓线、中心线和等浓度线在对应真实物理坐标下的信息。

由图 B.9 可以清晰地看出墨水扩散范围、扩散趋势以及浓度大小分布。这样的效果是仅依靠传统的测试方法不能得到的。

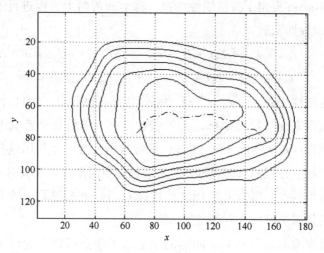

图 B.9　最终等值线及中心线

对实验图像序列中每个图片分别进行以上处理可得到对应的等值线序列、轮廓线序列及中心线序列。进一步通过背景上的网格线，可以计算出一指定等值线的时空变化。

最后为使 Matlab 程序具有更好更直观的可操作性，利用 Matlab GUI 将其做成图形用户界面的小软件，界面如图 B.10 所示。

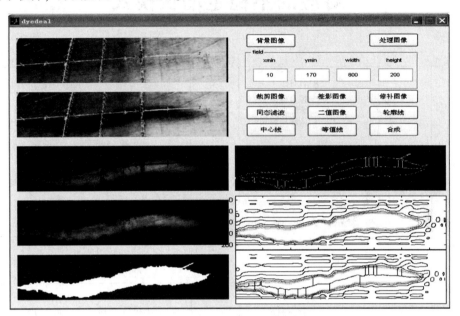

图 B.10　墨水图像 GUI 程序界面

附录 C 平均沿岸流速度剖面及其对应的不稳定增长模式

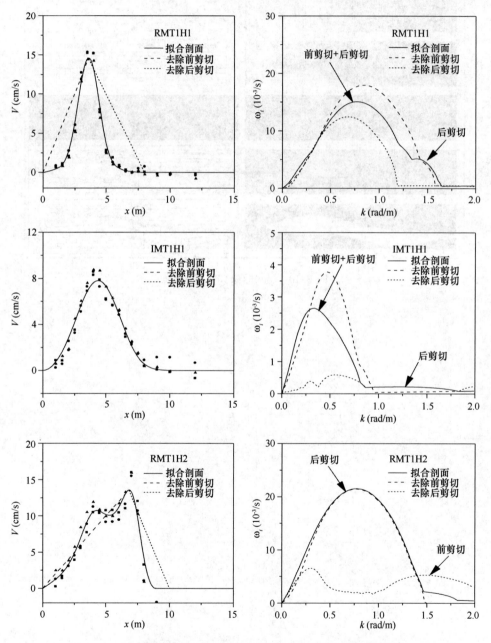

图 C.1 （a） 平均沿岸流速度剖面及其对应的不稳定增长模式 （一）

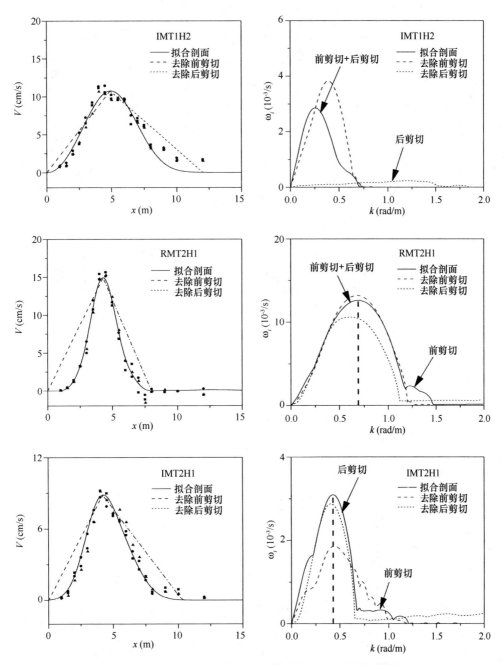

图 C.1（b）　平均沿岸流速度剖面及其对应的不稳定增长模式（二）

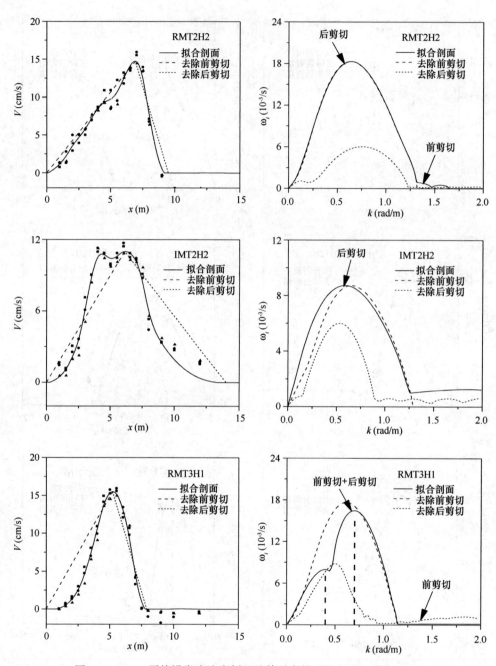

图 C.1（c） 平均沿岸流速度剖面及其对应的不稳定增长模式（三）

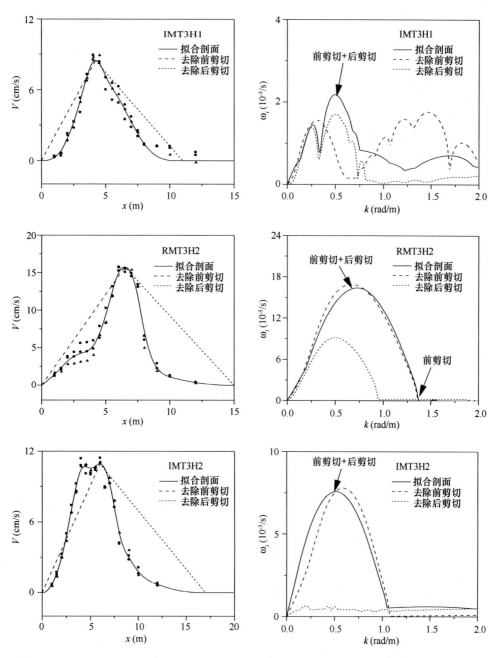

图 C.1（d）　平均沿岸流速度剖面及其对应的不稳定增长模式（四）